スゴすぎ！サバイバル！危険昆虫超図鑑

きけんこんちゅうちょうずかん

監修　丸山宗利
構成・文　中野富美子

はじめに

どんな生きものも、かならずその命をおびやかす何かにねらわれています。たとえば敵がいないように見えるライオンもヒグマも、弱ったり歳をとったりすると、ハイエナやオオカミに襲われてしまいます。本来、わたしたちヒトにも、そのような敵がたくさんいます。現代では、自然とかけはなれた清潔な社会だけで生活するヒトも多く、むしろヒトのあいだでひろまる感染症のほうが身近な問題です。しかし、緑がある場所に行くと、さまざまな生きものがいて、中には危険なものも存在します。小さな寄生虫や病原体をはこぶ昆虫やダニも、ときに命をうばう恐ろしい敵です。知らずに出かけて被害にあってしまうヒトも少なくないでしょう。

この本では、わたしたちヒトの目線から、危険な昆虫やその他の陸上の節足動物を紹介しています。日本の代表的なものを紹介すると同時に、外国のおもだったものを選んで解説しました。中にはたいへん恐ろしいものもいて、こんなものがいなければいいのにとおもうかもしれません。しかし、どんな生きものでも自然界での役割があって、不快だったり恐ろしかったりする生きものでも、決して絶滅させてはなりません。わたしたちは少なからず自然界からの恩恵を受けていて、そのような生きものもふくめて、自然が成り立っていることをわすれたくないものです。また、野外に出かけても、恐ろしい生きものがまったくいないというのは、自然が豊かではないということです。イノシシやシカの増加によってふえてしまったマダニ類のように、わたしたちがコントロールしなければならない生きものもいますが、危険な生きものをふくめて自然を受けとめることが大切です。

残念ながら、世界的に環境が悪化し、本書に登場する危険な生きものの中にも、減少しているものが少なくありません。最初は興味本位でもかまいませんので、これらの生きものがいて、すばらしい生命の多様性があることを知っていただけたらとおもいます。

丸山宗利

ナミビアの巨大なシロアリ塚のとなりで。

もくじ

この本の使い方

図鑑ページの見方

種名●その昆虫などの名前。

目と科●その昆虫などのグループの名前。

学名●世界共通の科学的な名前。

章●各章の内容をかんたんに示している。

本文●その昆虫などの情報を紹介している。

もっと知りたい！●その昆虫などについてのさらなる情報を紹介している。近い別の生物の紹介をしているものもある。

実物大●その生物の最大の大きさ（形はすべて同じ形で示している）。

ヒトとの比較●大きい虫には、くらべるために下のような大きさのヒトの子ども（10歳くらい）の図を入れている。

その昆虫などの危険な部分

体長●その昆虫などの頭の先から腹の先までの長さ（㎜で示している）。

最悪のケース●被害にあった場合の最悪のケース

写真提供●写真の提供元の名称

在来種・外来種・海外の種●在来種は、古くから日本に生息している種。外来種は、もともと日本にいなかったのに生息するようになってしまった種。海外の種は、日本には生息していない種。

【データについて】

分布●世界のどの地域にいるかを紹介している。（地域名などは、下の左の地図に示している）

日本での分布●日本のどの地域にいるかを紹介している。（地域名などは、下の右の地図に示している）

この本に出てくる おもな世界の地域と海の名前

この本に出てくる おもな日本の地域とまわりの海の名前

序章

危険昆虫って、どんな生きもの？

昆虫って、いつからいるの？
昆虫は、どのようにサバイバルしてきたのだろう？

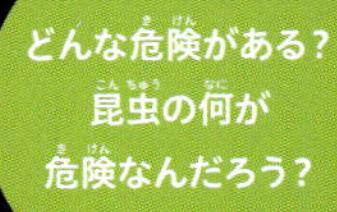

どんな危険がある？
昆虫の何が
危険なんだろう？

オオスズメバチ（p16）

オオハリアリ（p26）

マツモムシ（p34）

カヤキリ（p32）

アオバアリガタハネカクシ（p36）

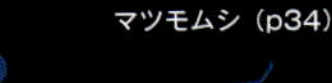
ミイデラゴミムシ（p40）

サシガメのなかま（p51）

クビキリギス（p32）

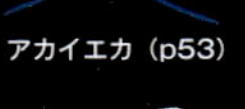
アカイエカ（p53）

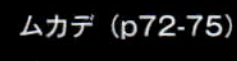
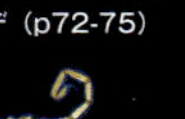
ムカデ（p72-75）

ゲジ（p64、77）

イエバエ（p61）

サソリ（p78-81）

大昔には
こんなに大きな
トンボもいた！

メガネウラ（p10）

昆虫の
化石発見！

トンボの一種の化石（p10）

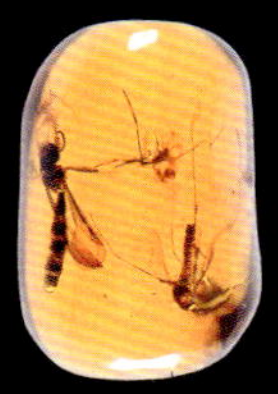
こはくの化石の中に入った
ジカバチモドキと
カのなかまの化石（p11）

危険昆虫には、どんな危険がある？

ほとんどの昆虫は危険ではありません。ただ、一部の昆虫は自分と自分の子が生きのこるサバイバルのために、毒の針や毒の毛、毒液などをもっています。また、血を吸うときなどに、昆虫の体内に入った病原体が、わたしたちの体内に入って病気になってしまうことがあります。

毒針

ハチやアリには、腹に毒針をもったものがいます。危険を感じるとこの毒針を刺し、毒を注入します。また、サソリにも尾に毒を注入する毒針をもったものがいます。その毒によっては命の危険もあります。

▲オオスズメバチ（p16）の毒針。長さは 5mm ほどもある。写真提供：福原達人

大あごや毒のきば

アリには、大あごでかみ毒針で刺すものがいます。また、クモにはきばでかみ、毒を注入するものがいます。とても痛い場合や死亡してしまう場合もあります。

▲キバハリアリのなかま（p24）の大きく鋭いあご。写真提供：島田 拓

毒のとげや毒の毛

ガの幼虫には、毒のとげや毒の毛をもったものがいます。たくさん群れているものもいて、それにさわってしまうと、ひふに刺さり、炎症をおこしたり（p87）、赤くはれてかゆみや痛みが出たりします。

▲イラガ（p44）の幼虫の毒のとげ。
写真提供：前畑真実

毒液

コウチュウや、ヤスデ、サソリには、刺激されると毒液を出すものがいます。毒液がひふにつくと、水ぶくれができたり、はれたり（p87）、目に入ると失明する（p36）ことも。

▶猛毒の液を出すヒメツチハンミョウ（p36）。
写真提供：奥山風太郎

毒ガス

コウチュウのなかまには、刺激されると、毒ガスを出すものがいます。毒ガスがひふにつくと、熱く感じ、炎症をおこすこともあります。

◀毒ガスを噴射するミイデラゴミムシ（p40）。
写真提供：法師人 響

吸血

カやノミ、ハエやアブ、ダニやシラミには、ヒトやウシなどの動物の血を吸うものがいます。とても痛いこともあり、さらに、病原体などが体内に入って重い病気に感染してしまうと、命の危険もあります。

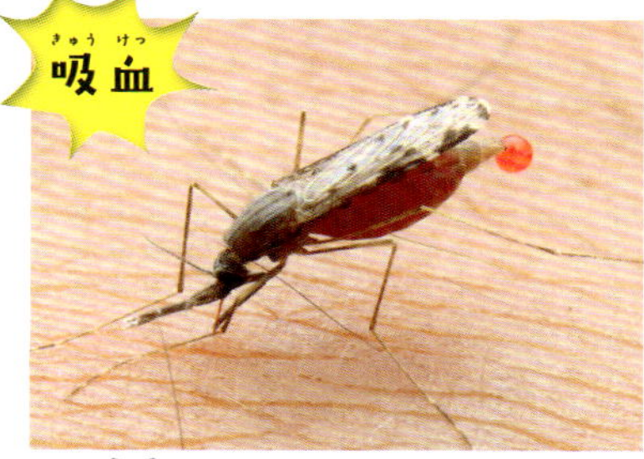

▲ヒトの血を吸うシナハマダラカ（p55）。写真提供：小松 貴

寄生

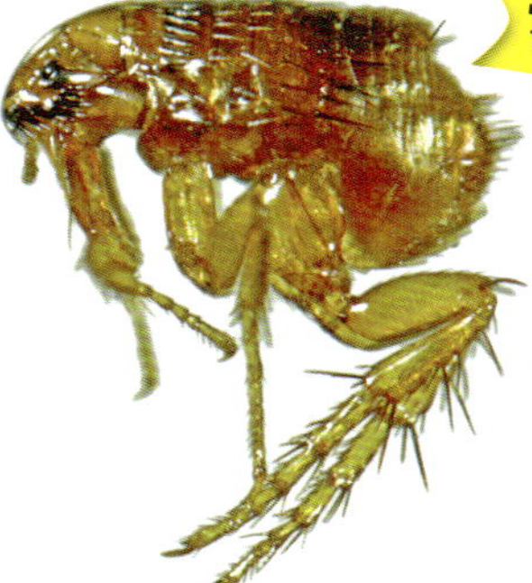

ノミやダニ、シラミには、わたしたちの体や髪、頭などについて刺し、血を吸うものがいます。刺されるとかゆみやはれがおこり、病原体が体内に入って重い病気に感染してしまうこともあります。

◀ヒトの血も吸うネコノミ（p62）。写真提供：長島聖大

感染

危険昆虫に吸血されると、かゆくなったりはれたりするだけでなく、昆虫の体に入ってしまった病原体が、血を吸うときにわたしたちの体内に入り、恐ろしい病気に感染してしまうこともあります。

▶ヤマトマダニ（p82）。写真提供：国立感染症研究所

毒針やあご、毒のとげや毒ガスなどは、昆虫が生きのこるサバイバルのために手にいれた武器ですが、血を吸うのも生きるためのサバイバル作戦です。また、病原体という小さな細菌（p14）などは、自分が生きのこるサバイバルのために昆虫を利用しているのです。

危険昆虫がいそうな場所は？

危険昆虫は、林や森や水辺などだけでなく、家の近くや家の中にもいます。どんな場所にどんな危険昆虫がいるでしょう？

家の中にも、ヒトの血を吸うために危険昆虫が入ることがあります。

■ アカイエカ (p53)

まどから、アカイエカやヒトスジシマカ (p54) などが入ってくることがある。

■ ネコノミ (p62)

イヌやネコなどの体についたネコノミがヒトにつくことがある。

■ ヒトジラミ（アタマジラミ）(p63)

ヒトの頭にアタマジラミ、体にトコジラミ (p50) などがつくことがある。

家のまわりにも、毒をもった昆虫や、病原体をもった昆虫などがいることがあります。

■ チャドクガの幼虫 (p47)

木の葉に、チャドクガの幼虫やマツカレハの幼虫 (p46) などがいることがある。

■ ヤマトマダニ (p82)

畑や林などに、ヤマトマダニ、フタトゲチマダニ (p84) などがいることがある。

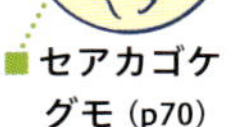

■ セアカゴケグモ (p70)

排水溝などに、セアカゴケグモやハイイロゴケグモ (p71) などが、巣をつくることがある。

公園や空き地にも、毒をもった昆虫がいることがあります。

■ オオスズメバチ (p16)

樹液の出る木などに、オオスズメバチやコガタスズメバチ (p17) などがいることがある。

■ オオハリアリ (p26)

空き地の朽ちた木の下などに、オオハリアリが巣をつくっていることがある。

池や川や水田にも、鋭い口をもつものがいることがあります。

■ マツモムシ (p34)

池や水田などに、マツモムシやゲンゴロウの幼虫 (p95) などがいることがある。

■ コオイムシ (p34)

池や水田や川などに、コオイムシやタガメ (p95) などがいることがある。

林や森にも、木や落ち葉の下などに毒をもつものがいることがあります。

■ イラガの幼虫 (p44)

木の葉や枝などに、イラガの幼虫やオオモクメシャチホコの幼虫 (p42) などがいることがある。

■ トビズムカデ (p73)

石や落ち葉の下などに、トビズムカデやアオズムカデ (p72) などがいることがある。

とくに危険な季節は？

生きものは、季節の変化にあわせて卵を産んだり食べものをとったりします。そのため、危険昆虫にも、危険になりやすい季節があります。危険な季節を知り、被害にあわないようにしましょう。

春

春は昆虫の活動が活発になる季節。卵からかえるものも多く、さまざまな種類の危険昆虫も多くなるので、注意が必要です。

▶チャドクガ（p47）は、春、卵からかえった幼虫の毒の毛がとくに危険。ただ、幼虫は秋にも発生し、卵やさなぎ、成虫にも毒の毛がついている。

写真提供：長島聖大

◀刺されると激痛がはしるオオハリアリ（p26）は、石や落ち葉の下などに巣をつくる。このアリは研究の結果、2010年にオオハリアリとナカスジハリアリに分けられた。

写真提供：島田 拓

夏

夏は昆虫の活動がさらに活発になる季節。また、わたしたちが、はだを出した服装になり、森や林、水辺などに行くこともふえるので注意しましょう。

▲トビズムカデ（p73）は、春から初夏にかけて繁殖期で行動が活発になり、人家に入ってくることもある。

写真提供：奥山風太郎

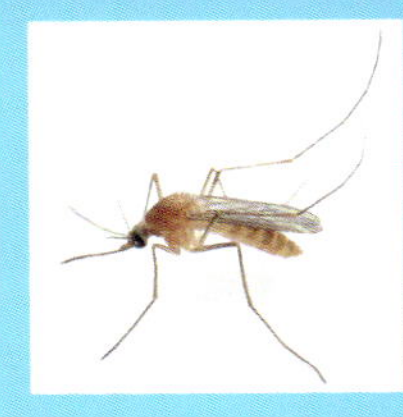

◀アカイエカ（p53）は、メスが夏の産卵期に必要な栄養をとるので、夏に刺されることが多い。

写真提供：長島聖大

秋・冬

秋から冬は、昆虫の活動は弱まりますが、秋に繁殖期をむかえるものもいて被害も多いので、油断しないようにしましょう。

▶オオスズメバチ（p16）などのハチは、7~9月ごろに繁殖期をむかえて巣づくりをし、数もふえ攻撃的になる。

写真提供：福原達人

◀外来種のセアカゴケグモ（p70）は、日本では6~8月が繁殖期で、6~10月ごろにかまれる被害が多い。

写真提供：環境省

一年中

シラミやノミなど、ヒトなどに寄生する昆虫は、家の中がかれらにとっても快適な温度なので、一年中発生するものが多いです。

◀ヒトジラミ（p63）などヒトにつくシラミのなかまは、家の中で一年中発生し吸血する。

写真提供：奥山風太郎

▶ネコノミ（p62）などのノミのなかまは、冬でもカーペットの下などにいて、一年中吸血の被害がある。

写真提供：長島聖大

昆虫は、いつからいるんだろう？

今から5億4200万年前のカンブリア紀には、「カンブリア大爆発」といわれるように、たくさんの生物が生まれました。このころすでに昆虫につながる節足動物も生まれ、その後、トンボやゴキブリなど、たくさんの昆虫が生まれました。2億4400万年前ごろの三畳紀には、現在生息している昆虫のおもなグループはすべて生まれていたと考えられています。わたしたちヒトの祖先だった魚もやがて地上に上がり、約6600万年前からの新生代に、ようやくヒトが生まれたのです。

！ 昆虫の化石、発見！

大昔の地層から、さまざまな昆虫の化石が発見されています。

▲ ブラジルの白亜紀（約1億4500万年前～6600万年前）の地層から発見されたトンボの一種の化石。体長は35mm。これらのトンボを食べた恐竜もいたにちがいない。

写真提供：大阪市自然史博物館

！ こんな大きなトンボもいた！

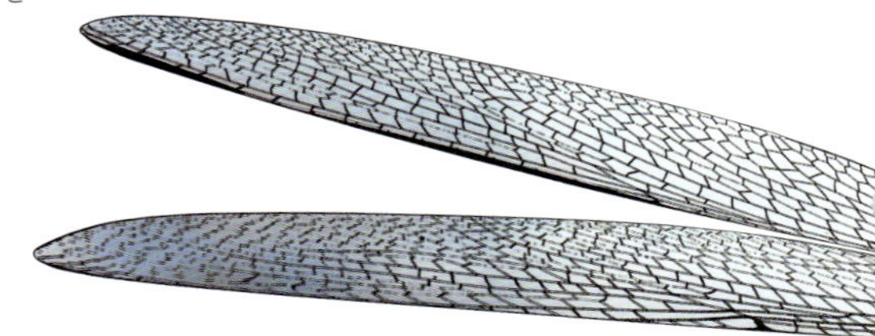

メガネウラは、三畳紀の前の石炭紀からペルム紀にいたトンボに近い昆虫。はねをひろげると600mm 以上にもなる巨大な昆虫です。地球で生まれた最も大きい昆虫で、肉食だったけれど、現在のトンボのようにすばやく飛ぶことはできなかったと考えられています。

▲ これも白亜紀のブラジルの地層から発見されたゴキブリの一種の化石。体長は23mm。まだ、ヒトはネズミのようなすがたをしていたころだ。

写真提供：大阪市自然史博物館

◀ 新生代古第三紀の終わり（約2300万年前）ごろのドミニカ共和国（カリブ海にある国）の地層から発見された、「こはく」という樹脂がかたまった石の中に入ったジガバチモドキのなかま（左）と2ひきのカのなかま（右）。

写真提供：大阪市自然史博物館

▲メガネウラの想像図。ヒトの子どもの手とくらべるととても大きいことがわかる。

写真提供：Shutterstock

昆虫って、どんな生きもの？

昆虫は、わたしたちのように体の中心にかたい骨のある動物とちがい、体の外側に「外骨格」というかたい部分があります。体のつくりと進化を紹介しましょう。

! 昆虫は、どんな体をしている？

頭・胸・腹に分かれている

頭には眼、口、あご、触角などがあり、胸には4枚のはねと6本のあしがあるものが多い。腹には消化や繁殖のためのつくりがあり、針をもつものもいる。

外骨格にまもられている

骨がないかわりに、外骨格で体をささえ、まもっている。成虫になると、無変態（p12）昆虫以外は、それ以上大きくなることはできない。

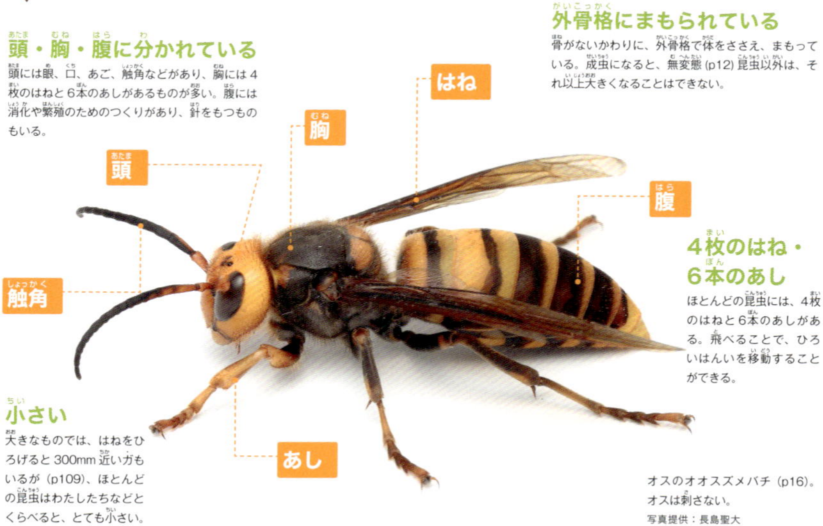

4枚のはね・6本のあし

ほとんどの昆虫には、4枚のはねと6本のあしがある。飛べることで、ひろいはんいを移動することができる。

小さい

大きなものでは、はねをひろげると300mm近いガもいるが（p109）、ほとんどの昆虫はわたしたちなどとくらべると、とても小さい。

オスのオオスズメバチ（p16）。オスは刺さない。
写真提供：長島聖大

どうやって成長するのだろう？

昆虫は、卵として生まれ、成虫になるまでの変化にも進化の形があります。

無変態（不変態）

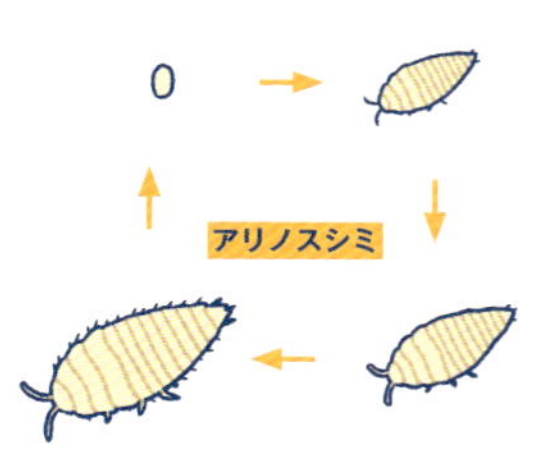

卵からかえり成虫になるまで、ほとんどすがたが変わらず、成虫にもはねがない。トビムシ目やシミ目など。

不完全変態

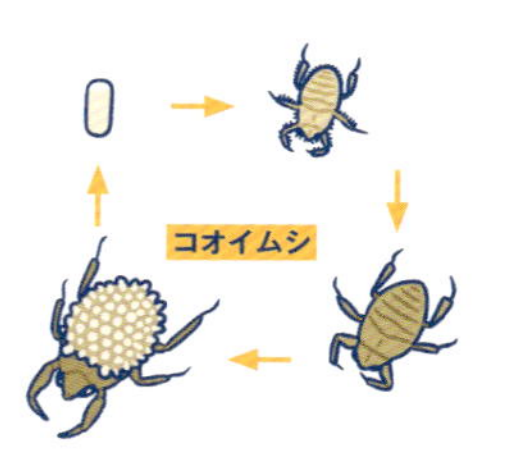

幼虫は成虫に似た形だが、はねはない。さなぎにならず成虫になる。トンボ目やカメムシ目など。

完全変態

幼虫、さなぎ、成虫となる。幼虫と成虫はちがう形をしている。チョウ目やハチ目など。

いろいろな生きものの進化

この地球には、目に見えないほど小さな細菌や、キノコなどの菌類、草や木などの植物、そして動物などさまざまな生きものがいます。どの生きものも、地球の長い歴史の中でサバイバルして進化し、いまのすがたになったのです。

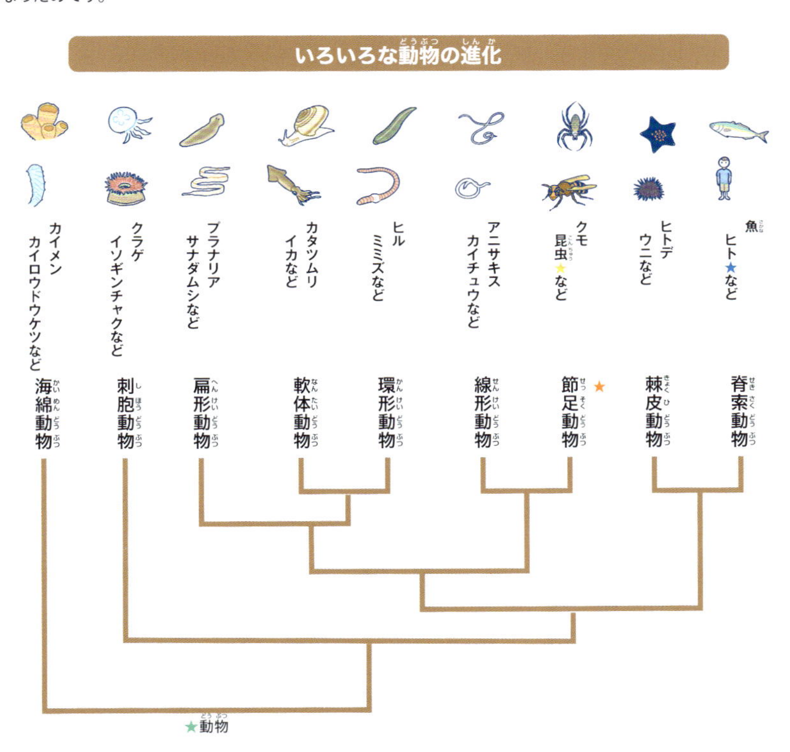

節足動物、とくに昆虫はとっても種類が多い！

世界の動物全体は約172万種以上です。そのうち昆虫は110万種以上。地球上の動物種の約64％です。節足動物全部だと全動物種の80％近く。さらに、昆虫は、新種（p94）も次つぎ発見され、じっさいには、500万種とも1000万種ともいわれ、とても種類が多いのです。

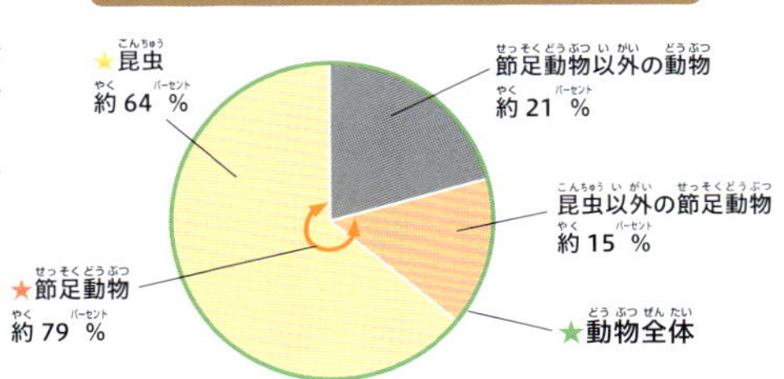

なぜ危険になるのだろう？

危険昆虫たちは、ヒトに危害をくわえようとしているわけではありません。自分たちが生きのこるサバイバルのための行動が、ヒトに害をあたえてしまうことがあるだけです。では、どのような原因で危険になるのでしょう？

! 自分やなかま、巣をまもるため

小さなアリの中にも危険なアリがいます。オキナワアギトアリ（p25）は、体長たった 9-10mm。わたしたちとくらべるとても小さな生きものです。大あごや毒針で敵とたたかい、小さな体で自分やなかま、子や巣をまもっています。

◀幼虫の世話をするオキナワアギトアリ。
写真提供：島田 拓

! 栄養をとるためや身をまもるため

わたしたち動物は、ほかの生きものを食べなければ生きられません。わたしたちが、ウシやブタ、鳥や魚を食べるように、昆虫たちにも動物を食べるものがいます。そのため、えものに注入するためや、身をまもるために毒針などをもっているのです。

▶毒針のある尾をもつダイオウサソリ（p79）。えものをとるときにも、敵から身をまもるためにも毒針をつかう。
写真提供：奥山風太郎

病原体をはこんでしまう

カやノミ、ダニやシラミは、動物の血液を吸うときに、病気のもとになる菌やウイルスをはこんでしまうことがあります。それは、病気をうつそうとしているわけではなく、必要な栄養をとるときに、体に入ってしまった菌などをはこんでしまうのです。

◀フタトゲチマダニ（p84）。血を吸うときに、恐ろしい病気のウイルスをはこんでしまうことがある。
写真提供：奥山風太郎

第1章

毒針、あご、口が、危険！

毒針、あご、口によるサバイバル作戦 &
その危険からのサバイバル戦略とは？

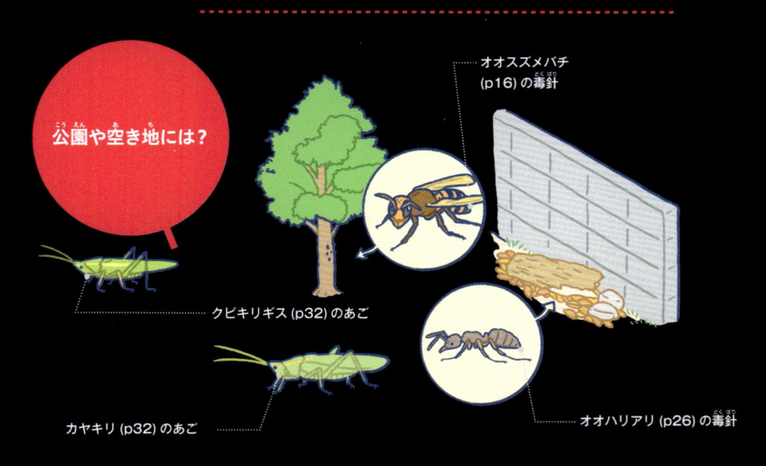

オオスズメバチ

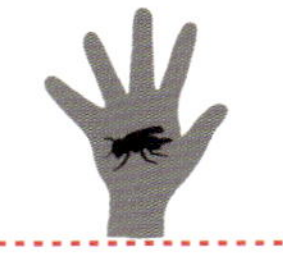

毒針

◆ハチ目　◆スズメバチ科　◆学名：*Vespa mandarinia*

ヒトとの比較　体長：28-40mm（働きバチ）

写真提供：福原達人

世界最大で最強！

▲オオスズメバチの長く鋭い針

写真提供：福原達人

世界最大級のハチ。強いあごと鋭い針、毒も強く、凶暴性でも世界最強といわれています。刺されると激しく痛み、とくに2度めに刺された場合は、アナフィラキシーショック（p89）といって、呼吸困難などの症状があらわれることがあり、命の危険もあるので注意が必要です。

土の中や木の根もとのうろなどに巣をつくり、巣に近づくと「カチカチ」と大あごを鳴らして「近づくな！」と警告します。この時点で襲ってくることはないので、あわてずにそっとはなれましょう。

在来種

分布◆温帯〜熱帯の東アジア、南アジア、東南アジア、ロシア極東の一部

日本での分布◆本州、四国、九州

もっと知りたい！

襲ったえものは、自分では食べられない？

オオスズメバチの成虫は、チョウやガの幼虫、カマキリやセイヨウミツバチ（p20）などの昆虫を襲います。ミツバチの巣を集団で襲って巣を全滅させることも。ただ、成虫は胸と腹のあいだにくびれがあるため、固形物が食べられません。襲ったえものは肉だんごにして幼虫のえさとしてはこび、成虫は、幼虫が出す液や樹液などしか食べられないのです。

▶セイヨウミツバチの巣を襲うオオスズメバチ。

写真提供：長島聖大

コガタスズメバチ

◆ハチ目 ◆スズメバチ科 ◆学名：*Vespa analis*

ヒトとの比較 体長：21-27mm（働きバチ）

写真提供：奥山風太郎

都市部でもよく見られ、庭木や家のひさしなどにも巣をつくるため、刺される被害が多いスズメバチです。巣のある木をゆらしたりしないかぎり襲ってくることはありませんが、うっかり巣を刺激してしまうと、いっせいに攻撃してきます。

幼虫のえさとして、ハエやハチ、セミやクモ、大型のカマキリなども襲い、アシナガバチのなかま（p18-19）の巣を攻撃して、その幼虫やさなぎをうばうこともあります。また、オオスズメバチ（p16）からの攻撃をはねのけることもあります。

在来種

分布◆インド、東南アジア各国、中国、シベリア、台湾など

日本での分布◆全土

もっと知りたい！

外来種、ツマアカスズメバチが急拡大の可能性！

ツマアカスズメバチは、中東からインド、中国、アジア南部などに生息しているスズメバチです。日本には、2012年に侵入したと考えられ、これから急速にひろがる可能性があります。

攻撃性が強く、ニホンミツバチ（p20）を襲うこともあり、刺されるとアナフィラキシーショック（p89）をおこす危険もあります。

▶働きバチの体長は、20mmほど。腹部のあざやかなオレンジ色が特徴。在来種のスズメバチより大きな巣をつくる。

写真提供：環境省

セグロアシナガバチ

◆ハチ目 ◆スズメバチ科 ◆学名：*Polistes jokahamae*

ヒトとの比較 体長：16-23mm（働きバチ）

写真提供：長島聖大

家ののき下やベランダの室外機などにも巣をつくります。そのため、気づかずに巣に近づいてしまったり、せんたくものにとまっているのに気づかずにさわったりして刺される被害（p86）がおきています。警戒心が強く、近づくといかく（自分を大きく見せてたたかう）し、巣に刺激をあたえると攻撃的になります。毒性が強いので注意が必要です。
これまで確認されていなかった北海道でも、2017年ごろから巣が見つかり、生息域がひろがっていることも考えられます。

在来種

分布◆東アジア、インド、南太平洋、ハワイ
日本での分布◆北海道～南西諸島

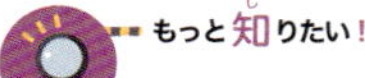

益虫でもある！

アシナガバチのなかまは、基本的にはおとなしいハチで、えものは飛んでいる昆虫ではなく、いも虫や毛虫。そのため、農作物や庭の木の害虫をとり、花粉をはこんでくれるなど、益虫（p43）でもあります。
刺激しなければ襲われることはないので、危険がないかぎり、そっと見まもれば共生することができます。

▶イラガのなかまの幼虫（p44-45）をだんごにしているとおもわれる。

写真提供：福原達人

コアシナガバチ

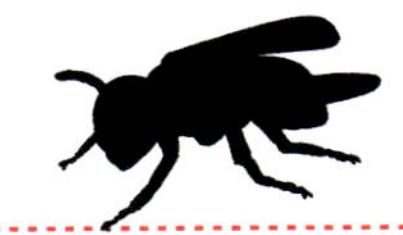

毒針

◆ハチ目　◆スズメバチ科　◆学名：*Polistes snelleni*

実物大　体長：11-16mm（働きバチ）

写真提供：福原達人

アシナガバチのなかまは、スズメバチほど攻撃性は強くありません。しかし、コアシナガバチは、攻撃性も毒性も強く、刺されると痛みが強くひどくはれることがあります。また、庭やベランダなどに巣をつくり、ヒトが近づくことが多いため、被害にあいやすいのです。
幼虫のえさとして襲うのは、写真のように、ガの幼虫が中心。アシナガバチのなかまは、ほかのハチとちがい、長いあしをだらんと下げてゆっくり飛んでいることが多いです。

在来種

分布◆中国北部、韓国、日本、ロシア極東
日本での分布◆北海道～九州

もっと知りたい！

英名は「紙バチ」!?

アシナガバチのなかまは、木などのせんいをかみくだいて、つばとまぜてかため、軽くてじょうぶな巣をつくります。和紙など、古くからつくられている紙も、コウゾなどの木のせんいを細かくして水の中でひろげ、ねばりけのある植物の液をまぜてつくります。そのため、アシナガバチの英名は「ペーパー ワスプ（紙バチ）」です。

▶そりかえった独特の形をしたコアシナガバチの巣。

写真提供：（国研）森林機構 森林総合研究所

セイヨウミツバチ

毒針

◆ハチ目 ◆ミツバチ科 ◆学名：*Apis mellifera*

実物大 体長：12-14mm（働きバチ）

写真提供：長島聖大

セイヨウミツバチは、ハチミツをとる益虫（p43）として1876年に日本に移入されました。同様に、世界各国に移入されています。写真のようにあしに花粉をつけてはこんでいるものもいます。
さほど攻撃性はありませんが、巣を刺激すると集団で攻撃してくることも。スズメバチのなかまは1ぴきが何度も刺すことができますが、ミツバチのなかまは1度刺すと針がぬけて死んでしまいます。そのときに出る物質によって、なかまのハチが大群で襲ってくるので、注意が必要です。

移入種

分布◆南極をのぞくすべての大陸
日本での分布◆全土（移入）

もっと知りたい！

ニホンミツバチのだんご！

ニホンミツバチは、古くから日本でミツをあつめ花粉をはこび、植物の受粉に役立つ益虫としてのはたらきをしてきました。春、木の幹や家ののき先などに、写真のようにたくさんのハチが群れていることがあります。これはニホンミツバチがひっこしの途中で休んでいるところなので、そっと見まもりましょう。

▶数時間から3日ほどで飛んでいくので刺激しないようにしよう。

写真提供：長島聖大

クマバチ

毒針

◆ハチ目　◆ミツバチ科　◆学名：*Xylocopa appendiculata*

ヒトとの比較　体長：18-25mm（働きバチ）

写真提供：福原達人

クマバチの名の「クマ」は大きいという意味もあり、クマのような色と毛、丸まるとした体型に由来します。オスはなわばりをもち、ブンブンと大きな羽音をたてて空中に浮遊してメスを待っていることがあります。
見ためのわりに、おとなしい性格で、とくに羽音が大きくこわいイメージがありますが、オスには針がないので、刺されることはありません。ただ、メスは手でつかまえるなどすると、刺されてアナフィラキシーショック（p89）をおこすこともあるので、要注意です。

在来種

分布◆日本・朝鮮半島、中国
日本での分布◆北海道南部～屋久島

もっと知りたい！

英名は「大工バチ」！

クマバチのメスは、枯れた木などに直径1～1.5cmほどの細長いあなをあけ、仕切りをつくり、その1つ1つに卵を産み花粉だんごをおきます。大工のようなので、英名は「カーペンタービー（大工バチ）」。幼虫が生まれるとオスとメスで花粉やミツをあたえて子育てをします。

▶木の枝だけでなく、家の骨組みの木などに巣をつくることもある。

写真提供：iStock

ツマアカクモバチ

毒針

◆ハチ目　◆クモバチ科　◆学名：*Tachypompilus analis*

実物大　体長：11-20mm

写真提供：奥山風太郎

クモバチ（ベッコウバチ）のなかまは、メスが1ぴきでクモを襲います。写真のように自分よりずっと大きなクモを襲うこともあります。毒針を刺してクモをまひさせ、自分でほった巣あなにひきずりこみ、クモの体に卵を産みつけます。卵からかえった幼虫は、そのクモを食べて成長します。クモを殺さず新鮮なまま、子どものえさにするのです。

クモバチの毒は強くないので、刺されても重症になることはほとんどありませんが、とても痛みます。また、アナフィラキシーショック（p89）による死亡事故もあるので注意が必要です。

在来種

分布◆日本～東南アジア
日本での分布◆近畿地方以南

もっと知りたい！

オオモンクロクモバチもクモを狩る！

群れで子育てをするスズメバチやミツバチのなかまとちがい、クモバチのなかまは群れをつくらず子育てもしません。巣あなにえものをはこんで卵を産みつけると、あなの入り口をとじます。生まれた子は親にあうことはなく、母がのこしてくれたえものを食べて成虫になると、あなをあけて外へ出るのです。

▶オオモンクロクモバチ（右）が、コアシダカグモ（左）をとらえて巣にはこんでいる。

写真提供：長島聖大

キンモウアナバチ

毒針

◆ハチ目　◆アナバチ科　◆学名：*Sphex diabolicus*

ヒトとの比較 体長：23-30mm

写真提供：奥山風太郎

キンモウアナバチは、写真のように、ツユムシのなかまなどを襲います。えものを毒針でまひさせ、巣あなまでかかえて飛んだりひきずったりしてはこびます。まひしたえものに卵を産み、生まれてくる子のえさとするのです。自分より大きなえものをかかえて飛ぶこともあり、着地するときには、ドタッと音がします。
ヒトが近づくと飛んでいかくしますが、襲ってくることはありません。つかんだりしなければ刺されることはないので、刺激せずに観察しましょう。

在来種
分布◆日本
日本での分布◆本州中部以南

もっと知りたい！

大あごと前あしでほる！

巣づくりには、大あごと前あしをつかいます。頭からあなに入り、大あごで砂をかかえてバックで出てきて砂をすて、巣のまわりの砂を前あしで後ろに飛ばすという作業をくりかえします。あなの奥行きは60cmほどもあります。巣は、砂地につくることが多く、条件のよい場所には10〜30頭もが集団で巣をつくることがあります。

▶巣あなづくりをするメス。

写真提供：pixta

キバハリアリ（ブルドッグアリ）のなかま

あご

◆ハチ目　◆アリ科　◆学名：*Myrmecia* sp.

ヒトとの比較　体長：4-37mm（働きアリ）

死の危険

写真提供：島田 拓

世界一危険なアリ！

キバハリアリ属というグループに属するアリのなかまで、「ブルドッグアリ」ともよばれ、オーストラリアに約100種生息しています。大きなものでは体長40mm近く、名前のとおり「きば（大あご）」と毒「針」をもち、攻撃性が強く、刺されたときの痛さも毒性も強く、「ギネスブック」で最も危険なアリとされています。

オーストラリアでは、乾燥した場所に多くいますが、住宅地にいることもあり、恐れられています。昆虫やクモだけでなく、小型のは虫類や両生類も襲います。

海外の種

分布◆オーストラリア、ニューカレドニア

日本での分布◆なし

もっと知りたい！

ジャンプして飛びかかる！

写真提供：島田 拓

走るのも速く、長いあしでジャンプして集団で飛びかかるので、「ジャンピング アント（ジャンプするアリ）」ともよばれています。

眼がよく発達しているので、ヒトが巣に近づくとすぐに気づきます。こちらが気づかないうちに、突然かまれて毒針で刺されてしまうこともあります。

◀ガをはこぶキバハリアリの働きアリ。あごも眼も大きくあしも長い。

オキナワアギトアリ

あご

◆ハチ目　◆アリ科　◆学名：*Odontomachus kuroiwae*

実物大　体長：9-10mm（働きアリ）

写真提供：島田 拓

強い痛み

和名の「あぎと」は、大あごのことで、学名の「*Odontomachus*」は「歯でたたかう」という意味です。えものを見つけると、巨大なあごを180度ひらき、そのままゆっくり近づきます。あごのつけ根には長い毛が生えていて、えものがそれにふれると、時速230kmという超高速で一気にあごをとじて襲います。そのとき、「パチン」と音がします。
あごではさんでから毒針で刺すこともあります。毒性はあまり強くはありませんが、はさまれると痛く、刺されると赤くはれることもあります。

在来種

分布◆日本
日本での分布◆沖縄本島、沖永良部島から関西や関東にも移入

もっと知りたい！

強いあごで幼虫の世話もする

敵から逃げるときには、大あごをとじて、後ろにジャンプすることもあります。大あごは、超高速でとじるだけでなく、ゆっくりとじることもできます。
働きアリは、幼虫をはこんだりして世話をします。また、幼虫はあしもなく、自分でえさをとることができないので、働きアリがあたえます。

▶大あごでやさしく幼虫をはさんではこぶオキナワアギトアリ。

写真提供：島田 拓

オオハリアリ

毒針

◆ハチ目 ◆アリ科 ◆学名：*Brachyponera chinensis*

実物大 体長：4mm（働きアリ）

死の危険

写真提供：島田 拓

刺されると激痛！

オオハリアリは毒針をもち、刺されるとハチに刺されたような激しい痛みがあり、アナフィラキシーショック（p89）をおこす危険もあります。地面の中や朽ちた木の中などに巣をつくります。肉食で、とくにシロアリ（p27）を好み、シロアリのコロニー（巣を中心にした集団）の近くに巣をつくって集団で襲います。シロアリをもとめて人家にも入り、台所で食べものに群がることもあります。近年アメリカ大陸に侵入し、在来種のアルゼンチンアリ（p31）などの生態系をおびやかして問題になっています。

在来種

分布◆朝鮮半島、台湾、中国の一部などアジア各地

日本での分布◆本州～南西諸島、小笠原諸島

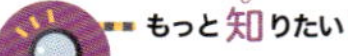

ツヤオオハリアリも、シロアリを襲う！

写真提供：島田 拓

オオハリアリに近い種類のツヤオオハリアリも、シロアリを襲います。襲われたシロアリは毒針で1回刺されただけで動けなくなり、巣にはこばれます。

ツヤオオハリアリは、沖縄の南西諸島に生息しています。シロアリがすむおなじ朽ち木に巣をつくっていることがあります。

◀シロアリを襲うツヤオオハリアリ（右）。

Column

小さなシロアリの大きな危険！

シロアリの働きアリは、体長 3-6mm ととても小さな体です。すがたや大きさはアリのように見えますが、じつはゴキブリ (p11、64) のなかまです。枯れたりくさったりした木や、枯れ葉などを食べるので、森が新しく生まれかわるのに役立つ益虫 (p43) としての働きもしています。ところが、わたしたちの家の木などを食べる種類もいるので、ヒトの生活をおびやかす危険昆虫 (p43) でもあります。

ヤマトシロアリ

北海道北部以外、日本全国に分布している。森や林の枯れた木や、しめった木材を食べる。

写真提供：小松 貴

イエシロアリ

西日本に分布。乾燥した木でも、水分をはこんで食べることができるため、世界で最も木材への被害が多いシロアリ。

写真提供：小松 貴

シロアリのコロニー

日本では、最も被害件数の多いシロアリはイエシロアリ。大きなコロニーでは、ヤマトシロアリは数万びき、イエシロアリは 100万びきにもなる。

写真提供：pixta

シロアリ被害にあった家のゆか下。シロアリ被害を受けた家は、地震などで倒壊してしまうこともある。

写真提供：pixta

ヒアリ

毒針

◆ハチ目　◆アリ科　◆学名：*Solenopsis invicta*　　実物大　体長：2.5-6mm（働きアリ）

写真提供：島田 拓

刺されると、やけどのように激しい痛みがあることから、和名は「ヒアリ（火アリ）」。英名も「ファイアー アント（火アリ）」。攻撃性が強く、雑食性で昆虫や鳥、小型ほ乳類なども襲います。巣を刺激されると集団で襲いかかり、毒針でくりかえし刺します。

多くの死亡例もあることから、別名「殺人アリ」。女王アリは、1日に約1600個もの卵を産み7年ほど生きるので急激にふえ、2017年に兵庫県ではじめて発見されてから、たった5年ほどで18都道府県で100件近く発見されています。まだ定着はしていませんが、今後注意が必要です。

外来種

分布◆南アメリカから世界の熱帯・亜熱帯へ拡大

日本での確認◆北海道南部、関東地方～九州北部

もっと知りたい！

コカミアリも上陸！

中央アメリカ～南アメリカ原産のコカミアリは、2017年と2023年に日本への侵入が確認されました。刺されると激しい痛みがあります。とても繁殖力が強く朝も夜も活動するため、在来のアリを減少させてしまう心配も。侵入された南太平洋の島では、は虫類の数が減少したという報告もあります。

▶体長1-2mmと小さく見つけにくいため、定着すると根絶が困難。

写真提供：沖縄科学技術大学院大学

シワクシケアリ

毒針

◆ハチ目　◆アリ科　◆学名：*Myrmica kotokui*

実物大　体長：5mm（働きアリ）

写真提供：島田 拓

日本在来種のアリは刺すアリが少なく、シワクシケアリはその代表格。関東地方では高い山にいますが、北海道では平地にもいます。倒木や石の下、落ち葉の多い土の中などに巣をつくります。家の中に入ってくることはほとんどありませんが、巣をこわしてしまったりすると、たくさんのアリが体にのぼって刺すことがあります。刺されるとズキズキと強く痛みますが、いつまでも痛むことはありません。

在来種

分布◆アジア
日本での分布◆北海道～九州

もっと知りたい！

ゴマシジミの幼虫を巣にはこんでしまうと……！

シワクシケアリは、ゴマシジミというチョウと特別な関係にあります。ゴマシジミはワレモコウの花に産卵します。幼虫は花を食べて成長しますが、少し大きくなると地面に降りてシワクシケアリを待ちます。運よくシワクシケアリが近づくとミツを出し、巣にはこんでもらいます。すると、ゴマシジミの幼虫は、シワクシケアリの幼虫を食べて成長するのです。

▶ゴマシジミの幼虫を巣にはこぶシワクシケアリ。

写真提供：島田 拓

ツムギアリ

あご

◆ハチ目 ◆アリ科 ◆学名：*Oecophylla smaragdina*

実物大 体長：7-12mm（働きアリ）

写真提供：島田 拓

とても気性の荒いアリです。巣を刺激してしまうと、集団で体にはい上がってきて大あごでかみつきます。とても強いあごなので、ひふが切れてしまいそうなほど激しく痛みます。えものは、昆虫やトカゲなど。自分の体の何倍もあるえものでも、襲って巣にもちかえります。
攻撃するときは、かみつきながら、腹部からすっぱい毒液を噴射します。この毒液は、レモンのようなすっぱい味がすることから、東南アジアでは、成虫や幼虫、さなぎなどを食用や薬として利用しています。

海外の種

分布◆東南アジア、オーストラリア北東部
日本での分布◆なし

もっと知りたい！

糸で葉をつないで巣をつくる！

巣づくりは、たくさんの働きアリがおこないます。葉と葉のすき間がなくなるように、あごで葉をくわえてひっぱり、ひっぱった葉と葉を、幼虫の出すねばねばした糸をつかってつなぎます。「糸をつくる」ことを「つむぐ」ということから和名は「ツムギアリ」。英名は「テイラー アント（洋服屋のアリ）」。

▶1つの巣は直径 15-20cm。それを数十個もつくって生活する。

写真提供：島田 拓

サスライアリのなかま

あご

◆ハチ目　◆アリ科　◆学名：*Dorylus* sp.

実物大 体長:2-10mm（働きアリ）

写真提供：丸山宗利

「さすらう」は、あちこち歩きまわること。サスライアリのなかまは、決まった巣をつくらず、数千から数百万びきもの大群で移動します。大群が移動するすがたは、まっ黒いじゅうたんのようです。かれらは、出あう生きものをつぎつぎ襲い、カエルやヘビなどはあっという間に骨だけになり、小さなほ乳類も食いちぎられ、ヒトもかまれて血だらけになってしまいます。集団は木にものぼり、襲われたカエルやトカゲが地面に落ち、さらにサスライアリに襲われます。しばらく休むときは、働きアリが地面をほって、かたまりになって女王や幼虫をまもります。

海外の種

分布◆アフリカ西部
日本での分布◆なし

もっと知りたい！

アルゼンチンアリが日本上陸！

アルゼンチンアリも集団で敵を襲います。南アメリカ原産ですが、各地に侵入。日本にも1993年ごろにはじめて侵入が報告されてから、各地にひろがっています。建物に入って食べものに群がったり、電気製品の中に入ってこわしたり、夜、寝ている人をかんだりする被害も。在来種のアリを襲い、絶滅させてしまった地域もあるので注意が必要です。

▶日本在来種のトビイロシワアリ（中央）を集団で襲うアルゼンチンアリ。

写真提供：島田 拓

カヤキリ

◆バッタ目　◆キリギリス科　◆学名：*Pseudorhynchus japonicus*　ヒトとの比較　体長：47-50mm

写真提供：奥山風太郎

日本最大級のキリギリスのなかま。夜行性で、昼間は葉のうらなどにいて、夜になると高い場所にのぼって、「ジャ～～」と大きな声で鳴きます。まっ赤な大きいあごをもち、手でもつと暴れてかみつこうとします。かまれるととても痛くて、血が出ることも。
肉食のように見えますが、草食。ススキの茎をかみ切って、その中心部分を食べるので、ススキの生えている草原などにいます。「カヤ（ススキの別名）」原にすむ「キリギリス」のなかまなので「カヤキリ」と名づけられました。

在来種
分布◆日本、韓国
日本での分布◆本州南部、四国、九州

もっと知りたい！

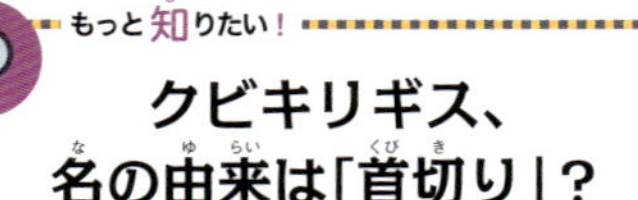

クビキリギス、名の由来は「首切り」？

カヤキリとおなじキリギリスのなかまですが、緑色のものだけでなくピンク色のものもいます。大きなあごと口のまわりが赤いことで、「血吸いバッタ」とよばれることも。かむ力が強く、かまれたときに体をひっぱると首が切れて頭だけがのこることから、「クビキリギス」と名づけられました。

▶赤く大きなあご。これを横に大きくひらいてかむ。

写真提供：長島聖大

キイロサシガメ

◆カメムシ目　◆サシガメ科　◆学名：*Sirthenea flavipes*

実物大　体長：18-20mm

口

写真提供：長島聖大

「刺す」「カメ」ムシのなかまなので「サシガメ」。うっかりさわってしまうと、太く鋭く先が針のようにとがった口で刺され、ハチに刺されるのとおなじくらい激しく痛みます。さわったり刺激したりしなければ刺してくることはありませんが、サシガメの中でも、キイロサシガメに刺されたときの痛みは、とくに強烈です。

キイロサシガメは、夜、活発に飛び、街灯などに飛んできます。湿地や水田などにもいて、ケラなどをとらえ、その鋭い口を突き刺して体液を吸います。

在来種

分布◆日本、朝鮮半島、台湾、中国南部～インド
日本での分布◆本州、四国、九州、南西諸島

もっと知りたい！

ミイデラゴミムシに擬態？

キイロサシガメの体の色やもようはミイデラゴミムシ（p40）に似ています。キイロサシガメは、鋭い口で刺すという武器をもっていますが、さらに、毒ガスを噴射するミイデラゴミムシに似たすがたをして、その毒ガス攻撃を知っている敵からの攻撃を防いでいるのではないかとも考えられています。

▶ミイデラゴミムシ。全体の色やもようがキイロサシガメと似ている。

写真提供：法師人 響

マツモムシ

口

◆カメムシ目　◆マツモムシ科　◆学名：*Notonecta triguttata*

実物大　体長：11-14mm

激痛

刺して消化液を注入！

在来種

分布◆日本、朝鮮半島
日本での分布◆北海道～九州

池や沼、水田などにすみ、体はボートのような形で、背を下にして後ろあしをオールのようにつかって泳ぎます。そのため、英名は「バック スイマー（背泳ぎするもの）」。飛ぶときはひっくりかえって写真のように腹を下にしてから飛びます。
肉食で、水生の昆虫やオタマジャクシ、小魚などをとらえると、鋭い口を突き刺して消化液を注入してとかし、吸いこんで食べます。そのため、手でつかまえたりすると、その鋭い口で刺され消化液を注入されるので、ハチに刺されたように激しく痛みます。

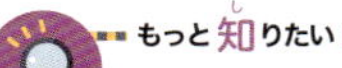

写真提供：長島聖大

もっと知りたい！

コオイムシのなかまも鋭い口に注意！

コオイムシやオオコオイムシも池や水田にすんでいます。漢字では「子負虫」。オスが「子（卵）」を背「負」ってまもることからの名。池や水田などで小魚やオタマジャクシなどを襲い、消化液を注入してとかして食べます。刺されるととても痛いので、手でさわらないようにしましょう。
ただ、いまは農薬による水質の悪化などの原因で数がへり、絶滅（p94）が心配されています。

▶コオイムシのなかまのオス。卵がふ化するまで飛べず、ずっと卵をまもる。

写真提供：長島聖大

第2章

毒液、毒ガス、毒のとげや毛が危険！

どんな毒液があるのか？　昆虫が毒ガスを噴射する？
どんな毒のとげ、毒の毛がある？
毒液、毒ガス、毒のとげや毛によるサバイバル作戦 &
その危険からのサバイバル戦略とは？

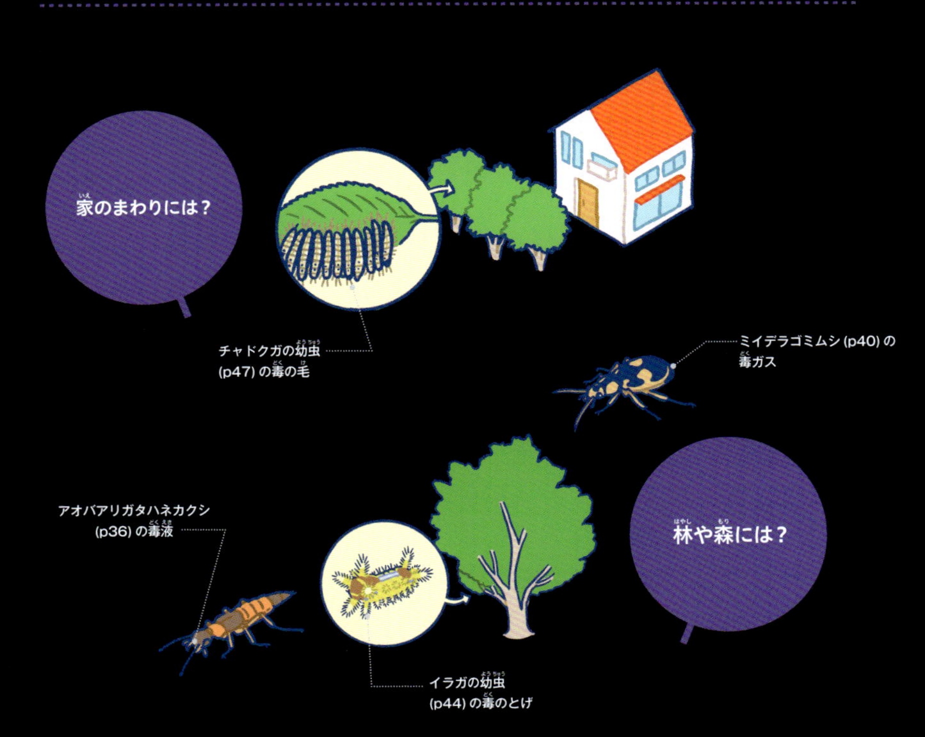

アオバアリガタハネカクシ

毒液

◆コウチュウ目　◆ハネカクシ科　◆学名：*Paederus fuscipes*

実物大　体長：6-8㎜

最悪のケース

失明

写真提供：長島聖大

別名「やけど虫」!?

赤と黒のおしゃれなすがたをしていますが、「やけど虫」と恐れられています。体内に「ペデリン」という猛毒をもっているのです。おもに、水田や畑などにいますが、光をもとめて家の中に入ってくることも。体がやわらかいため、強くはらいのけようとするとつぶれて毒液が出ます。毒液がひふにつくと、やけどのようなひふ炎（p87）をおこし、目に入ると失明することもあります。
体にとまってしまったときは、つぶさないように、そっとはらいのけましょう。

在来種

分布◆ヨーロッパ～アジア一帯
日本での分布◆全土

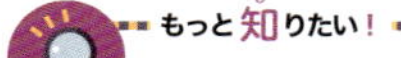

もっと知りたい！

ヒメツチハンミョウにも毒液！

写真提供：奥山風太郎

日本の本州から四国、九州に生息するツチハンミョウ科のヒメツチハンミョウは、体内に「カンタリジン」という毒液をもっています。カンタリジンは、強い毒なので、古くから乾燥させて毒薬として利用されてきました。いっぽう、この毒液は、いぼなどの治療にもつかわれてきました。

◀毒液（矢印）を出すヒメツチハンミョウ。

アオカミキリモドキ

毒液

◆コウチュウ目 ◆カミキリモドキ科 ◆学名：*Xanthochroa waterhousei*

実物大 体長：12-16mm

体がつぶれて毒液が出る！

最悪のケース
炎症

写真提供：長島聖大

アオカミキリモドキも、アオバアリガタハネカクシ（p36）のように体がやわらかく、強くたたいたりすると、体がつぶれて毒液が出ます。その毒はヒメツチハンミョウ（p36）とおなじ「カンタリジン」。つぶさないように注意しましょう。毒は、鳥などに食べられないためのものと考えられています。

アオカミキリモドキは、平地から山地にかけて生息し、昼間は葉のうらなどで休み、夕方、花粉をもとめて飛びます。夜は明かりにあつまるので、家の中に入ってくることもあります。

在来種

分布◆東アジア
日本での分布◆北海道～九州

もっと知りたい！

毒にひきつけられるものも！

猛毒カンタリジンを利用する（p36）のは、ヒトだけではありません。アカハネムシのオスは、死んだヒメツチハンミョウ（p36）やアオカミキリモドキなどからカンタリジンをもらい、メスにわたします。メスは卵にそれをふくませることで、卵が敵に襲われないようにするのです。

▶アカハネムシのメス（右）はオス（左）がカンタリジンをもっているかどうか確認しようとしている。メスは毒をもっているオスと交尾しようとするという。

写真提供：アフロ

ハリムネオサモドキゴミムシ

毒液

◆コウチュウ目　◆オサムシ科　◆学名：*Anthia thoracica*

ヒトとの比較　体長：47-53mm

写真提供：丸山宗利

これは、アフリカ南部のナミビアの砂漠にいたハリムネオサモドキゴミムシのオスです。体長は 50mm ほどと、オサモドキゴミムシの中でも、とくに大きいです。オサモドキゴミムシのなかまは、腹にギ酸を主成分とする毒を分泌する器官があり、敵に襲われると腹の先端から強烈な毒液を噴射します。ひふにつくとかなりの痛みを感じ、とてもくさいにおいもします。目に入るととてもしみるので危険です。種類によって毒液の種類はちがいますが、大きいものは量も多く噴射します。

海外の種

分布◆ナミビア、タンザニア、南アフリカ
日本での分布◆なし

もっと知りたい！

フチドリオサモドキゴミムシも！

体のふちに白い線があるフチドリオサモドキゴミムシも、アフリカ南部に生息するオサモドキゴミムシのなかまです。オスは 41.2-43.8mm、メスは 43.5-48.8mm。オスはハリムネオサモドキゴミムシとおなじように、長くて強い下あごをもっています。アフリカにはオサムシ属の種がいないかわりに、このなかまが繁栄しています。

▶砂漠でオス（上）とメス（下）が交尾しているところ。

写真提供：丸山宗利

マイマイカブリ

◆コウチュウ目　◆オサムシ科　◆学名：*Damaster blaptoides*

ヒトとの比較　体長：26-70mm

写真提供：長島聖大

マイマイカブリは、台湾に害虫駆除のために導入されたものがいますが、もとは日本にしかいなかった「固有種」です。はねが退化して飛ぶことができず、遠くへの移動ができないため、日本の各地方でそれぞれ特徴のあるすがたになっています。とくに、長崎県の福江島では、体長 70mm 近いものもいて、オサムシ科で世界最大です。
危険を感じると腹から、後ろや上に向けて、強い酸のにおいのする液を飛ばします。ひふにつくと炎症をおこし、目に入るととても痛いので要注意です。

在来種（固有種）
分布◆日本
日本での分布◆北海道～九州

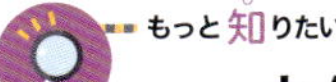

カタツムリを食べるので「マイマイカブリ」！

カタツムリは「まいまい」ともよばれています。マイマイカブリは、おもにカタツムリを食べます。細長い頭をカタツムリのからに突っこんで、消化する液を出してとかしながら食べます。「まいまい」を「かぶって」いるように見えることから「マイマイカブリ」と名づけられました。

▶カタツムリを食べるマイマイカブリ。ほかにミミズなども食べるが、カタツムリを食べないと産卵できない。

写真提供：pixta

ミイデラゴミムシ

毒ガス

◆コウチュウ目　◆オサムシ科　◆学名：*Stenaptinus occipitalis*

実物大　体長：15-18mm

最悪のケース

炎症

英名は「爆撃機虫」！

写真提供：法師人 響

危険がせまると、腹の先から高温のガスを噴射。温度は約 100度。「ブー」という音とともに、強いにおいと熱さを感じ、皮膚はやけどのような炎症になり皮がむけることも。方向を変えて敵をねらうことができます。おならのようなので、「ヘッピリムシ」「ヘコキムシ」ともよばれ、英名は「ボンバルディア ビートル（爆撃機虫）」。ミイデラゴミムシのなかまは毒ガスを出すものがほかにもいますが、ミイデラゴミムシはとくに音とともに激しく噴き出します。このなかまの幼虫は、ケラの卵に寄生します。

在来種

分布◆アジア一帯
日本での分布◆北海道～奄美諸島

もっと知りたい！

沖縄にはオオミイデラゴミムシも！

日本には、ミイデラゴミムシのなかまが 2種います。オオミイデラゴミムシは、屋久島より南にあるトカラ列島から南西諸島にかけて生息しています。体長は 18-19mm ほどと、ミイデラゴミムシのなかまの中では、大きめです。ミイデラゴミムシとおなじように、高温のガスを噴射して身をまもります。

▶宮古島の森の湿地にいたオオミイデラゴミムシ。昆虫の死がいなどを食べる。

写真提供：奥山風太郎

オオホソクビゴミムシ

毒ガス

◆コウチュウ目　◆オサムシ科　◆学名：*Brachinus scotomedes*

実物大　体長：13-16mm

夜、活動し毒ガス発射！

最悪のケース
炎症

写真提供：丸山宗利

ゴミムシのなかまは、日本だけでも1600種以上います。オオホソクビゴミムシも、ミイデラゴミムシ（p40）やオオミイデラゴミムシとおなじように、危険を感じると腹から強烈なガスを噴射します。
ゴミムシのなかまの多くは夜行性で、昼間は石や落ち葉の下にいて、夜になると地表を歩きまわり、えものの昆虫などをさがします。作物を食べる害虫なども食べるので、ヒトにとっては益虫（p43）でもあります。

在来種

分布◆日本、台湾、朝鮮半島、中国
日本での分布◆本州、四国、九州

もっと知りたい！

集団で冬を越す！

ミイデラゴミムシやオオホソクビゴミムシなどは、春から秋にかけて活動します。冬は土の中で、成虫が集団で冬越しをします。ほかの種類のゴミムシといっしょに冬越しをしていることもあります。
冬越しした成虫は春に交尾、産卵し、卵は幼虫をへて夏に成虫になります。

▶集団で冬越ししているオオホソクビゴミムシ。

写真提供：群馬県立ぐんま昆虫の森／撮影 神保智子

オオモクメシャチホコの幼虫

毒液

◆チョウ目　◆シャチホコガ科　◆学名：*Cerura menciana*

ヒトとの比較　体長：55mm前後（終れい幼虫）

写真提供：前畑真実

モクメシャチホコのなかまの幼虫は、危険を感じると頭を上げ、体をそらしていかくします。それでもさらに危険がせまると、尾から「ギ酸」という毒液を噴射します。ギ酸は刺すような強いにおいがあり、ひふにつくと痛みがあり、水ぶくれなどの炎症がおきます。
和名の「木目」は成虫のはねのもようから、「しゃちほこ」は、お城の屋根などについているそりかえった魚の形をしたかざりから。幼虫が、写真のように、そりかえっていかくするすがたからつけられた名です。

在来種

分布◆日本、韓国、中国、台湾、東南アジア
日本での分布◆北海道、本州、四国、九州

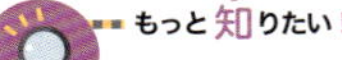

もっと知りたい！

シャチホコガのなかまは害虫になることもある！

ガの幼虫は、毒液（p42）や毒のとげ（p44-45）、毒の毛（p45-48）などがヒトやほかの生きものにとって危険なものがいるだけでなく、植物を食べて枯らしてしまうこともあります。モクメシャチホコのなかまの幼虫は、ヤナギやポプラなどの葉を大量に食べてしまう害虫（p43）になることもあります。

▶ヤナギのなかまの木の上のモクメシャチホコ。葉を食べようとしているのかもしれない。

写真提供：前畑真実

Column

「危険昆虫」「害虫」「益虫」って何？

ヒトの体に害をあたえる虫を「危険昆虫」「衛生害虫」といいます。「虫」は昆虫だけでなくクモやサソリなどの節足動物（p13、65-84）もふくみます。人体に直接的な害はなくても、作物などに害をあたえてしまう虫を「害虫」「農業害虫」とよびます。いっぽう、ヒトの役に立つ虫は「益虫」といいます。「危険昆虫」や「害虫」でもあり「益虫」でもあるというものもいます。

「危険昆虫」「衛生害虫」

コガタスズメバチ（p17）。毒針で刺されると、アナフィラキシーショック（p89）によって死亡することもある。 写真提供：奥山風太郎

サシガメのなかま（p51）。シャーガス病という恐ろしい病気を感染させ、毎年多くの人がなくなっている（p93）。
写真提供：T.S.

「害虫」「農業害虫」

イネの葉を食べるイナゴ。幼虫は育ちはじめの葉を食べ、成虫は成長した葉を食べる。いずれも食べつくされてしまうことがある。また、ウンカなどは、病原菌をはこんでしまうこともある。写真提供：pixta

キャベツの葉を食べるモンシロチョウの幼虫。キャベツやダイコン、ハクサイなどの葉を食べ、丸ぼうずになってしまうこともある。 写真提供：pixta

「益虫」

ゲジ（p64、77）。長くたくさんのあしですばやく走るため「不快害虫」（p64）とされるが、シロアリ（p27）やトコジラミ（p50）などの「害虫」を食べる「益虫」でもある。
写真提供：アース製薬

あしにたくさんの花粉をつけたセイヨウミツバチ（p20）。刺されると害があるが、集めたミツを、ヒトがハチミツとして利用できる「益虫」でもある。 写真提供：長島聖大

イラガの幼虫

◆チョウ目　◆イラガ科　◆学名：*Monema flavescens*

実物大　体長：15-25mm（終れい幼虫）

刺されると激しい痛み！

最悪のケース
炎症

写真提供：前畑真実

全身から突起がのび、そこからさらに毒のとげが突き出しています。この毒のとげは、体内の毒せん（毒が出る場所）につながっています。この毒のとげにふれると、ひふに毒液が注入されて激しく痛み、ひふは赤くなります。痛みは1～2時間でおさまりますが、次の日に、刺された部分が赤くはれてかゆくなることがあります。
幼虫は、夏～秋にかけて、カキやナシ、サクラやウメなどの木にいることが多いので、注意しましょう。

在来種
分布◆アジア一帯（インド～日本）
日本での分布◆北海道～九州

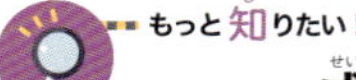

成虫は口がないので何も食べない……！

写真提供：広島大学デジタルミュージアム／撮影：南葉錬志郎

幼虫は7～8月と、多い年は10月ごろにも生まれ、さなぎの前のすがたで冬を越します。冬を越すときは、白と茶色のかたいまゆをつくります。春にさなぎになり、成虫はあたたかい地方では年に1回、6月ごろに生まれます。イラガのなかまの成虫には毒はなく、口がないので、何も食べることができません。

◀イラガの成虫。前ばねの長さは11-16mmくらい。

ヒロヘリアオイラガの幼虫

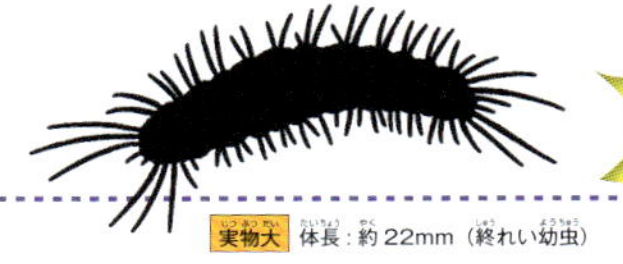

毒のとげ

◆チョウ目　◆イラガ科　◆学名：*Parasa lepida*

実物大　体長：約22mm（終れい幼虫）

写真提供：長島聖大

幼虫にはたくさんの毒のとげと毒の毛があり、イラガ（p44）やチャドクガ（p47）とおなじように、刺されると激しい痛みがあり、炎症をおこすのでさわらないようにしましょう。もとは東南アジアから中国に生息していましたが、日本では最初、鹿児島市で見つかり、その後、1970年代の後半以降に西日本の各地でも見られるようになり、現在は関東地方にもひろがっています。ヒロヘリアオイラガの卵は、400〜1000個もが、40〜50個ずつのかたまりとして、葉のうらに産みつけられてふえていきます。

外来種

分布◆東南アジア〜中国
日本での確認◆関東地方〜九州、沖縄諸島

もっと知りたい！

樹木や果樹にも被害！

幼虫は、7〜10月ごろに年2回発生し、サクラやカエデ、カキなどの葉を食べて成長します。若い幼虫は、葉のうらにたくさん集まって食べていることがあります。成長した幼虫は分散して食べ、枝や木が丸ぼうずになってしまうこともあり、「農業害虫（p43）」としての被害もあります。

▶ハナミズキの木の葉を集団で食べる幼虫。

写真提供：長島聖大

マツカレハの幼虫

◆チョウ目　◆カレハガ科　◆学名：*Dendrolimus spectabilis*

ヒトとの比較　体長：約75-90mm（終れい幼虫）

炎症

痛い・はれる・かゆい！

写真提供：前畑真実

幼虫は、大きいものでは90mmにもなります。ドクガのなかまほど強い毒性はありませんが、毒の毛が刺さると激痛があり、はれて1～2週間もかゆみがつづきます。刺さった毛は、ドクガのなかまとちがって目でよく見えるので、ピンセットや粘着テープなどでていねいにとり、水で流しましょう（p89）。
「マツケムシ」ともよばれ、幼虫は、アカマツ、クロマツ、カラマツなどマツのなかまの木の葉を食べて枯らしてしまう「害虫（p43）」でもあります。

在来種

分布◆シベリア、樺太、朝鮮半島、日本

日本での分布◆全土

もっと知りたい！

まゆもさわるな！

メスは、針葉樹の葉や枝の上に産卵します。1ぴきのメスが産む卵は200～700個ほど。幼虫はおもに秋に生まれて幼虫のすがたで冬を越し、翌年6月ごろにまゆをつくりさなぎになります。まゆにも毒の毛があるので、さわるとひりひりし、炎症をおこすのでさわらないようにしましょう。

▼まゆにとまっている成虫。成虫には毒はない。

写真提供：前畑真実

チャドクガの幼虫

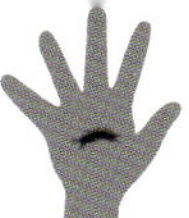

毒の毛

◆チョウ目　◆チャドクガ科　◆学名：*Euproctis pseudoconspersa*

ヒトとの比較　体長：約25mm（終れい幼虫）

写真提供：長島聖大

終れい幼虫（さなぎになる前の幼虫）には、約50万本もの毒の毛がついています。さらに、脱皮したからにも、さなぎにも成虫にも卵にも、毒の毛がついているので注意が必要です。刺されると炎症をおこし（p87）、痛みと激しいかゆみが2〜3週間もつづきます。

幼虫は集団で活動し、写真のように、木全体に密集して葉を食べつくしてしまうこともあります。幼虫の集団の近くにいて、毒の毛が風で舞うのを吸いこんでしまうのも危険です。

在来種

分布◆東アジア

日本での分布◆本州、四国、九州

もっと知りたい！

これが毒の毛だ！

チャドクガの幼虫に生えている毒の毛は、長さが0.1-0.2mmほど。目に見えないほど細くて短いので、イラガ（p44）やヒロヘリアオイラガ（p45）、マツカレハ（p46）のようにピンセットなどではとれません。粘着テープでとってから水で流すか、最初から水とせっけんで洗い流すほうがよいでしょう（p89）。

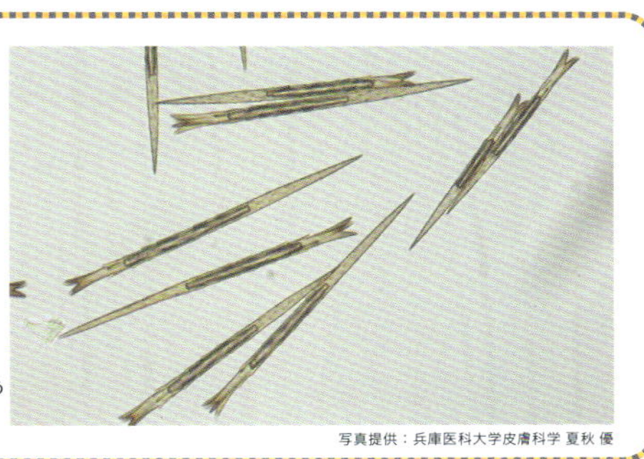

▶チャドクガの毒の毛を顕微鏡で見たようす。先が鋭くとがっていることがわかる。

写真提供：兵庫医科大学皮膚科学 夏秋 優

マツノギョウレツケムシガの幼虫

毒の毛

◆チョウ目　◆ヤガ科　◆学名：*Thaumetopoea pityocampa*

ヒトとの比較　体長：38-45mm（終れい幼虫）

幼虫には毒の毛があり、刺されると強い痛みがあり、炎症をおこします。古代から、この毛虫による被害の治療法を記した書物があります。また、アンリ・ファーブルは、この幼虫の生態を研究して『ファーブル昆虫記』で紹介しています。
幼虫は、「マツ」やスギなどの葉を食べ、写真のように「行列」して移動する「毛虫」の「ガ」であることから「マツノギョウレツケムシガ」と名づけられました。生息域は温暖化によってひろがっているので心配されています。

海外の種
分布◆地中海南部、南ヨーロッパ、北アフリカ、中東
日本での分布◆なし

写真提供：123RF

もっと知りたい！

テントで共同生活！

幼虫は、冬になるとマツやスギなどの木にテントのような巣をつくって共同生活をします。そして、鳥などの敵の少ない夜になると、巣から出て葉を食べに出かけます。眼はほとんど見えず、明るさがわかるくらいです。においを感じる力は強く、食べるのによい葉のにおいをかぎとって食べます。1本の木に4～5個の巣があると、その木の葉はほとんどなくなってしまいます。

▶スペインのマツのなかまの木につくられたマツノギョウレツケムシガの幼虫のテント。

写真提供：アフロ

第3章

吸血、寄生、感染が、危険！

なぜ、血を吸うのだろう？　寄生って、何？　どうやって、何に、感染する？

吸血、寄生、感染によるサバイバル作戦 &
その危険からのサバイバル戦略とは？

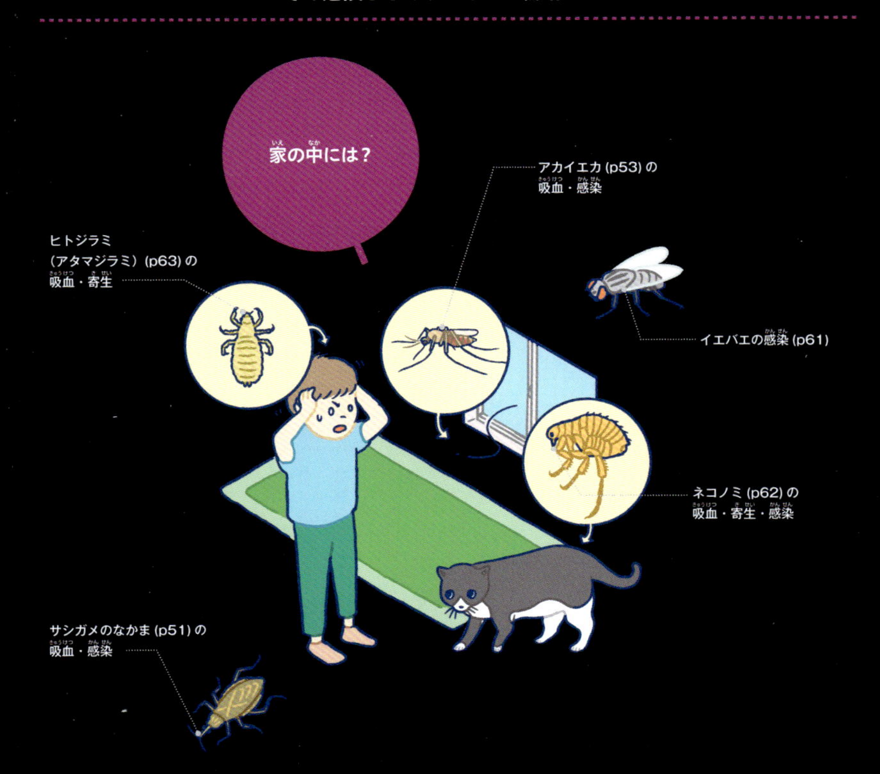

トコジラミ

◆カメムシ目　◆トコジラミ科　◆学名：*Cimex lectularius*

実物大　体長：5-8mm

写真提供：長島聖大

トコジラミは、「シラミ」とつきますが、ヒトジラミ（p63）など「カジリムシ目」のシラミとはちがい、サシガメのなかま（p51）やクサギカメムシ（p64）などとおなじカメムシ目の昆虫。「床（寝床）」で「シラミ」のように血を吸うので「トコジラミ」。英名は「ベッド バグ（ベッドの虫）」。夜、寝ているヒトの血を吸います。日本に入ったのは江戸時代といわれ、殺虫剤により、一時期ほとんどいなくなりましたが、いま、殺虫剤がきかない「スーパートコジラミ」が生まれ、世界中で急増しています。

在来種

分布◆世界の温帯地域
日本での分布◆北海道～九州

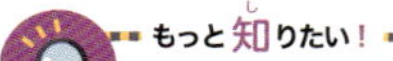

ストローのような口を突き刺す！

長く鋭い口をひふに突き刺して血を吸います。血を吸うときに、だ液を入れるので激しいかゆみがあり、赤くなったりはれたりします。トコジラミの食料はおもにヒトの血液。成虫は5～10日に1回吸い、幼虫は体重の3～5倍もの血を吸います。吸血後は、ベッドのうらや、家具のすき間などにひそんでいます。

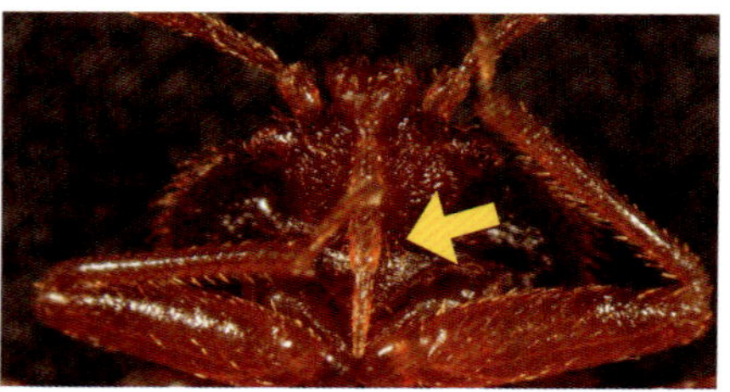

▶トコジラミの鋭い口（矢印）。

写真提供：神奈川県衛生研究所

吸血、寄生、感染が、危険！

サシガメのなかま

◆カメムシ目　◆サシガメ科　◆学名：*Triatoma* sp.

ヒトとの比較　体長：20-30mm

写真提供：T.S.

世界で毎年１万人近くがなくなっている恐ろしい病気「シャーガス病」。そのシャーガス病を感染させてしまうのがサシガメのなかまです。
サシガメのなかまは中央アメリカ～南アメリカに生息し、ヒトの血を吸うときにふんをします。そのふんの中にシャーガス病を発症させる「クルーズトリパノソーマ」という原虫がいて、それがヒトの口や傷口から体内に入ることで感染します。シャーガス病は、最初は症状があまりないため気づかず、重くなってから気づいても治療法がない恐ろしい病気です。

海外の種

分布◆メキシコ～中央アメリカ～南アメリカ北部
日本での分布◆なし

もっと知りたい！

シャーガス病を予防するために

長崎大学で熱帯医学の研究をしている吉岡浩太さんは、中央アメリカのグアテマラなどの発展途上国での熱帯地域の医学や寄生虫についての研究をしています。現地でサシガメの生息調査をし、サシガメの多い地域では、住民に殺虫剤をまく方法や、病気の恐ろしさ、感染しない方法を伝え、予防するシステムをつくるなどの活動をおこない、現在も研究をつづけています。

▶サシガメのなかまが侵入し、住民が感染してしまったグアテマラの家。

写真提供：吉岡浩太

コガタアカイエカ

◆ハエ目　◆カ科　◆学名：*Culex tritaeniorhynchus*

実物大　体長：3-4mm

写真提供：小松 貴

コガタアカイエカは、夏から秋に水田や水たまりで発生します。夕方から活動し、夜にヒトや動物の血を吸います。日本脳炎は、日本脳炎ウイルスをもったコガタアカイエカなどのカが、ヒトの血を吸うときに感染させることがある病気です。世界では毎年 3～4 万人の患者がいて、その 20～40 % は死亡する恐ろしい病気です。
日本では、1992年以降は減少していましたが、近年子どもの患者が報告され、2006年から 2015年の 10年間に、0歳から 10歳まで 8人の感染があり、2022年には大人から子どもまで 5人の感染が報告されています。

在来種

分布◆日本、東南アジア、北アフリカ
日本での分布◆全土

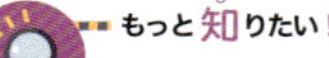

これが日本脳炎ウイルスだ！

日本脳炎は、発症するとウイルスが脳に障害をあたえる恐ろしい病気です。ヒトからヒトへは感染せず、日本脳炎ウイルスをもったブタなどを刺したカがヒトを刺すことで感染します。コガタアカイエカは、日本全土にふつうにいて夕方から活動するカです。カに刺されないようにすることと、ワクチンを受けることが予防につながります。

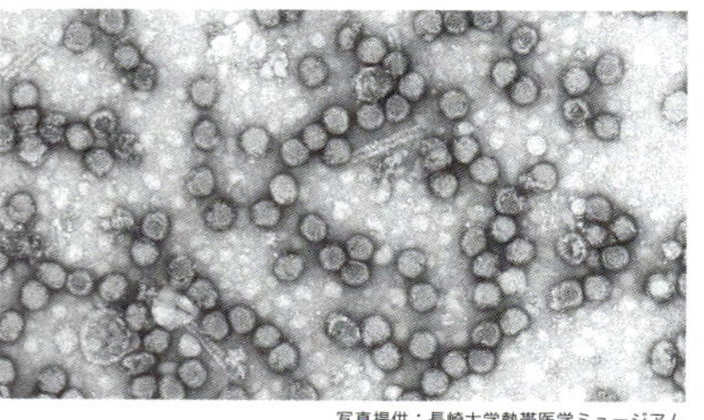

▶日本脳炎ウイルスの顕微鏡写真。これが脳に入ってふえることで発症する。

写真提供：長崎大学熱帯医学ミュージアム

アカイエカ

感染

◆ハエ目　◆カ科　◆学名：*Culex pipiens pallens*

実物大　体長：3-11mm

最悪のケース

強い痛み

写真提供：長島聖大

ウエストナイル熱感染で死者も！

「赤」みがあり「家」にいる「カ」なので、和名は「アカイエカ」、英名も「ハウス モスキート（家のカ）」。このカは、ウエストナイル熱（西ナイル熱）という病気を感染させる危険があります。ウエストナイル熱は、1937年にアフリカで発見された病気です。日本ではまだほとんど感染はありませんが、ヨーロッパの12か国では2022年に、1335人が感染し104人がなくなっています。

いま、温暖化によって、カの生息域がひろがり感染地域の拡大が心配されています。

在来種

分布◆世界各地の温帯～熱帯

日本での分布◆北海道、本州、四国、九州

もっと知りたい！

カの成長を知ろう！

カは、水辺に産卵し幼虫（ぼうふら）になり、さなぎ（おにぼうふら）になって、成虫になります。

アカイエカは、水田や池、水たまりや古タイヤにたまった水などに大量の卵を産んで爆発的にふえます。

病気の感染を防ぐためにも、カの生態を知ってふやさないようにすることが大切です。

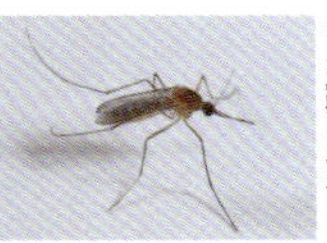

◀アカイエカの成虫。卵から10日ほどで成虫になる。

◀産卵するメス。メスは水面に150～200個も産卵する。

◀産卵から1～2日で幼虫に。

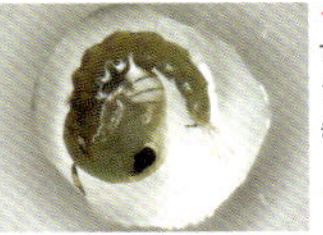

◀幼虫になってから5～10日でさなぎに。

写真提供：アース製薬

ヒトスジシマカ

◆ハエ目　◆カ科　◆学名：*Aedes albopictus*

実物大　体長:4-5mm

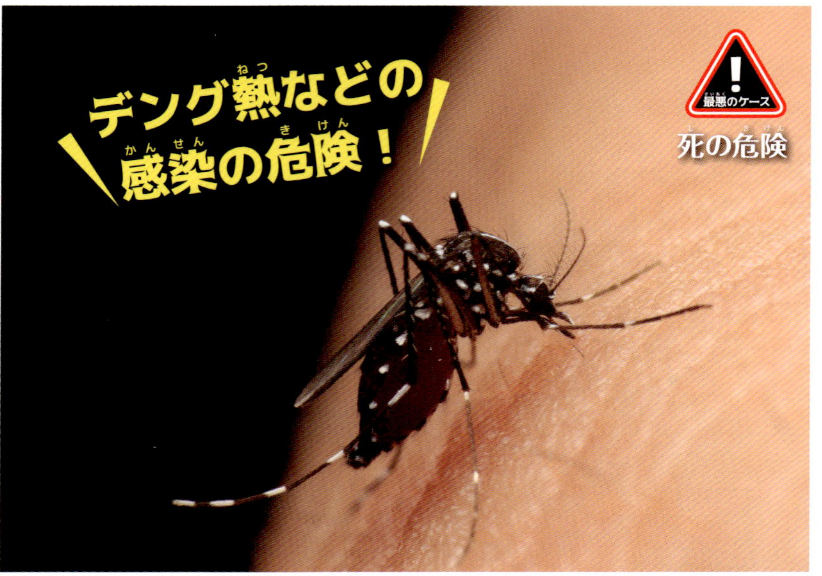

写真提供：長島聖大

和名は、背中に「ひとすじ」、あしに「しま」の白いもようがあることに由来します。東南アジアから世界にひろがっていて、デング熱などを感染させる危険があります。
デング熱は、ヒトからヒトへは感染しませんが、カがウイルスをはこんで感染します。世界で年間4億人近くが感染し、日本でも年間200人ほどが感染しています。死亡率はそれほど高くありませんが、激しい頭痛や嘔吐、呼吸困難や内臓の障害などがおこる恐ろしい病気です。

在来種

分布◆東南アジアからハワイ、南北アメリカ大陸、ヨーロッパにも移入
日本での分布◆本州～南西諸島

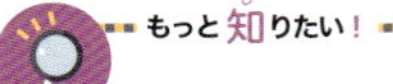

もっと知りたい！

少しの水でも繁殖する！

ヒトスジシマカは、もとは森や山に多く生息していましたが、近年は、人家のまわりの水場で繁殖することが多くなっています。水がたまった古タイヤや植木鉢の受け皿、さらに、ほんの少しの水でも繁殖できるため、産卵する水をもとめて家の中に入ることも多くなっているといわれています。

▶たおれたタケにたまった水に産卵するヒトスジシマカ。

写真提供：長島聖大

シナハマダラカ

感染

◆ハエ目　◆カ科　◆学名：*Anopheles sinensis*

実物大　体長 :4-5mm

写真提供：小松 貴

シナハマダラカは、ハマダラカのなかまのカの一種です。ハマダラカのなかまは、マラリアという恐ろしい病気を感染させます。マラリアは、世界中で、2021年の1年間だけで2億4700万人がかかり約62万人もの人がなくなっているといわれています。とくに熱帯マラリアという種類での死亡は、ほとんどがアフリカ大陸の子どもです。
いまは日本国内での感染は報告されていませんが、感染の多い地域に行く場合は、予防薬を服用するなどの必要があります。

在来種

分布◆インド北東部、東南アジア、中国、台湾、韓国、日本
日本での分布◆全土

もっと知りたい！

マラリアとたたかう！

日本では、かつては、シナハマダラカによる三日熱マラリアという種類の感染が報告されていましたが、現在感染は確認されていません。ただ、熱帯地方に多い熱帯熱マラリアは、早期に適切な対応をしないと死にいたる病気です。
現在、生物によるヒトの死因のトップは、マラリアやデング熱 (p54) などを感染させるカ (p92) だといわれています。

▶ 1978年の第4回国際寄生虫学会を記念したポーランドの切手。カとマラリアを発症させる丸い原虫が描かれ、マラリアとのたたかいを伝えている。

写真提供：123RF

サシチョウバエのなかま

◆ハエ目　◆チョウバエ科　◆学名：Phlebotominae sp.

実物大　体長：2-3mm

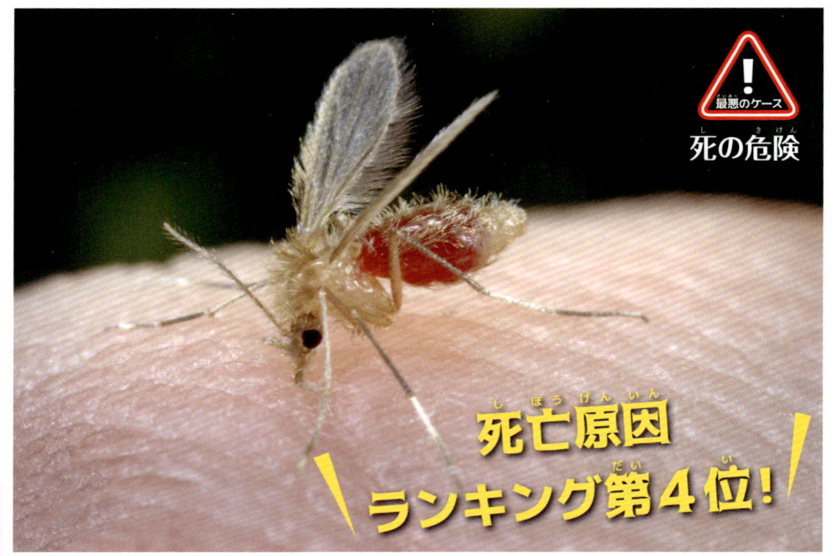

写真提供：SCIENCE PHOTO LIBRARY/amanaimages

サシチョウバエのなかま（上の写真）は、ヒトやそのほかの動物の血を吸います。そのとき、リーシュマニア症という病気を発症させるリーシュマニア原虫という小さな生物（下の写真）を体内に入れてしまうことがあります。リーシュマニア症は、世界で年間2～3万人が死亡している病気です。そのため、サシチョウバエのなかまは、動物によるヒトの死因の4位（p92）ともいわれています。サシチョウバエのなかまは、世界で800種ほどいますが、すべてが病気を感染させるわけではなく、日本に生息するサシチョウバエのなかまが病気を感染させた例は確認されていません。

在来種

分布◆おもに熱帯～亜熱帯の各地
日本での分布◆本州、四国、九州、沖縄諸島

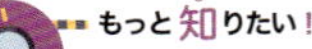

もっと知りたい！

これがリーシュマニア原虫だ！

サシチョウバエのなかまはとても小さいため、見つけるのが難しく、また、その危険がひろく知られていないため世界各地でリーシュマニア症の感染がひろがっています。東京大学の三條場千寿さんは、リーシュマニア症の研究者。その感染をへらすため、感染者の多い国をおとずれて現地の人びとにサシチョウバエの危険と、刺されない方法を伝える活動もしています。

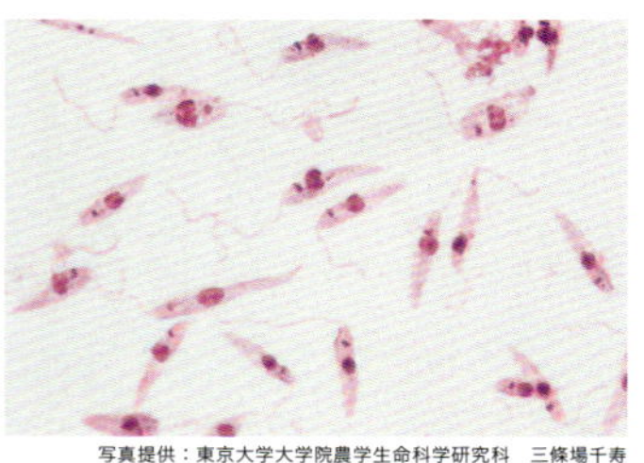

▶サシチョウバエの体内にいるときのリーシュマニア原虫の顕微鏡写真。原虫は、長さ1mmの100分の1ほど。動くための糸のようなものがついている。

写真提供：東京大学大学院農学生命科学研究科　三條場千寿

ツェツェバエのなかま

感染

◆ハエ目　◆ツェツェバエ科　◆学名：*Glossina* sp.

実物大　体長：6-14mm

写真提供：Nature Picture Library/Nature Production/amanaimages

ツェツェバエのなかまの危険は、寄生しているトリパノソーマ原虫の一種によるアフリカ眠り病とよばれる恐ろしい病気の感染です。この原虫はシャーガス病（p51）の原因になる原虫とおなじなかまの別の種です。アフリカ眠り病は、トリパノソーマ原虫の一種によって脳がおかされて昏睡状態になり、治療をしないと死亡する恐ろしい病気です。1998年にはアフリカで約 4万人の患者が報告され、約 30万人が診察も受けられずにいたと考えられています。さまざまな努力によって、現在は、患者数はへってきています。

海外の種

分布◆アフリカ大陸中部
日本での分布◆なし

もっと知りたい！

卵ではなく幼虫を産む！

ツェツェバエは、オスもメスも動物の血を吸います。ウシなども感染することから「ツェツェ」は現地の言葉で「ウシをたおすハエ」という意味です。メスは卵を産まず体内で幼虫を育てます。幼虫はさなぎになる直前に産み落とされ、すぐに地面にもぐってさなぎになり 30～40日後に羽化します。メスは生涯に数ひきしか子を産みません。

▶さなぎになる直前の幼虫を産むメスのツェツェバエのなかま。

写真提供：Nature Picture Library/Nature Production/amanaimages

イヨシロオビアブ

吸血

◆ハエ目　◆アブ科　◆学名：*Tabanus iyoensis*

実物大 体長：11-14mm

大群でヒトを襲う！

最悪のケース
痛み

写真提供：奥山風太郎

吸血、寄生、感染が、危険！

イヨシロオビアブは、高原や山の川ぞいなどに生息しています。夏、ハイキングやキャンプなどに出かけたときに、大群に襲われることがあります。鋭い口でひふを切りさいて血を吸います。動くものに反応するので、手でふりはらったり逃げたりしても追ってきて襲います。

血を吸うのはメスだけ。卵を産むための栄養が必要なのですが、血を吸うのは2回め以降の産卵前だけです。オスは花のミツや樹液を食べ、メスも産卵前以外はヒトを襲うことはありません。

在来種（固有種）

分布◆日本
日本での分布◆北海道〜九州

もっと知りたい！

はく息や排気ガスにあつまる！

写真提供：アース製薬

イヨシロオビアブは、血を吸うとき、黒いものを襲うことが多く、ハチなども黒いものを襲う習性がある（p88）ので、山などに出かけるときは、黒っぽい服は着ないようにしましょう。また、ヒトがはく息や車の排気ガスなどにあつまって襲う習性があります。そのため、車で出かけるときはとくに注意が必要です。

◀車にとまったイヨシロオビアブ。排気ガスのにおいにひかれたのだろうか。

アカウシアブ

吸血

◆ハエ目　◆アブ科　◆学名：*Tabanus chrysurus*

ヒトとの比較　体長：23-33mm

写真提供：奥山風太郎

最悪のケース
痛み

激しい痛みが数週間！

日本最大のアブです。ナイフのような口をもち、ひふを何度も切りさき、傷口にたまった血を吸います。イヨシロオビアブ（p58）とおなじように、オスは吸血せず、メスが産卵の栄養のために吸血します。血を吸うときに、だ液にふくまれている有毒なたんぱく質が傷口から入り、傷口がはれ、かゆみや痛みが長くつづくことがあるので、刺されたらすぐに水でよく洗い流しましょう（p89）。まれにアナフィラキシーショック（p89）をおこすこともあるので、要注意です。

在来種
分布◆日本、朝鮮半島
日本での分布◆北海道～九州

もっと知りたい！

恐ろしい牛白血病の危険も！

アカウシアブはウシやウマなどの血も吸います。牛白血病という病気があり、その病気にかかったウシの血を吸ったアカウシアブがほかのウシの血を吸うことで感染させてしまいます。ヒトへの感染はありませんが、各地のウシに感染が拡大しています。感染すると、下痢やリンパ節のはれなどがおこり死にいたります。

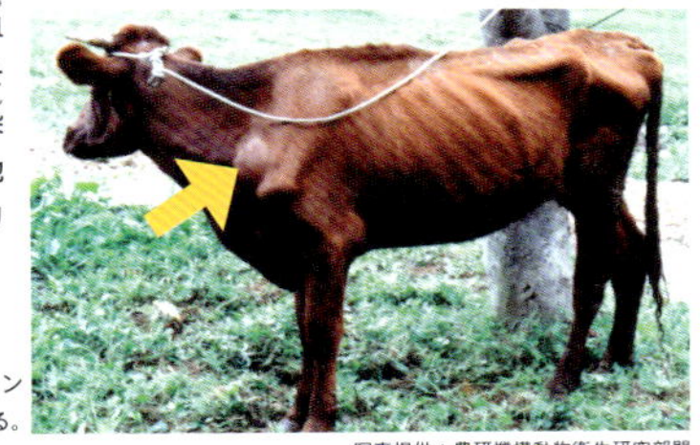

▶牛白血病に感染してしまったウシ。リンパ節がはれて（矢印）やせてしまっている。

写真提供：農研機構動物衛生研究部門

アシマダラブユ

吸血

◆ハエ目 ◆ブユ科 ◆学名：*Simulium japonicum*

実物大 体長 :2.5-4.0 mm

写真提供：兵庫医科大学皮膚科学 夏秋 優

ブユは、地方によって「ブヨ」とも「ブト」ともよばれます。アシマダラブユは、体長 2.5-4mm と小さいので、刺されているときは気づかず、痛みやかゆみはほとんど感じないことが多いです。ただ、翌日になって刺されたところが赤くはれ（p86）、激しいかゆみや発熱が 1～2 週間もつづくことがあります。さらに、大群で、髪の中にもぐりこんで吸血することも。

ブユのなかまには、おもにアフリカで、「オンコセルカ症（河川盲目症）」という失明してしまう病気を発症させる寄生虫を媒介するものもいます。

在来種

分布◆朝鮮半島、日本
日本での分布◆北海道～沖縄諸島

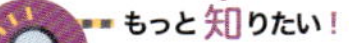

もっと知りたい！

ヌカカのなかまにも注意！

ヌカカは、ハエ目ヌカカ科に属する体長 1-2mm ほどの小さな昆虫。日本には 200 種以上います。ヒトや家畜の血を吸い、刺されると、カのなかまよりずっとかゆみが強く、さらに、かいてしまうと悪化して赤くはれて水ぶくれになることもあります。また、集団で襲うこともあるので、何カ所も刺されてしまうこともあります。

▶小さいので網戸をとおりぬけて家に入ることもある。

写真提供：photolibrary

イエバエ

感染

◆ハエ目　◆イエバエ科　◆学名：*Musca domestica*

実物大　体長：6.5～7.0mm

いろいろな病原体をはこぶ！

最悪のケース

死の危険

写真提供：丸山宗利

「家」にいることが多い「ハエ」なので「イエバエ」。英語でも「ハウス フライ（家のハエ）」とよばれています。ヒトを刺すことはしませんが、赤痢やコレラ、チフスやポリオ、O-157など、死の危険のある病気の病原体をはこぶことがあります。イエバエの食料は生ゴミや動物のふん。そこにある病原体がハエのあしにつき、それが、わたしたちの食べものについてしまうことで感染の危険があるのです。

ハエは、あしの先に味を感じる器官があるので、あし先をいつもきれいにするため、よくあしをこすりあわせています。

在来種

分布◆世界各地

日本での分布◆全土

もっと知りたい！

家畜をねらうサシバエにも注意！

サシバエは、イエバエとおなじイエバエ科ですが、針のような鋭い口をもち、オスもメスもウシやヒトの血を吸います。刺されるととても痛いため、ウシたちは眠れなくなり、食事の量もへり成長も悪くなります。さらに、牛白血病やサルモネラ症などの恐ろしい病気に感染する可能性もあるのです。

▶サシバエのオス。太く鋭い口（矢印）をもっている。

写真提供：丸山宗利

ネコノミ

感染

◆ノミ目　◆ヒトノミ科　◆学名：*Ctenocephalides felis*　実物大 オス 1-2.5mm/ メス 2-3.5mm

写真提供：長島聖大

「ネコノミ」という名ですが、ネコだけでなくヒトやイヌ、ネズミなどにも寄生し、オスもメスも血を吸います。
1回の吸血には 20～30分もかかるのですが、とても小さいので、気づかないことも多く、激しいかゆみやはれなどの被害があります。ひふをかくことで、水ぶくれになることも。
さらに、そのネコノミが、ペスト菌やバルトネラ菌という菌をもっている場合は、その菌に感染して発症し、最悪の場合、命を落とす可能性もあります。

在来種
分布◆世界各地
日本での分布◆北海道～南西諸島

もっと知りたい！

約 30cm もジャンプ！

ネコノミは、長い後ろあしで、30cm ほども飛ぶことができます。そのため、足を刺されることが多く、ヒトや動物の出す二酸化炭素を感じて飛びつきます。
ネコノミは、1日に 4～20個ほどの卵を産み、一生のあいだに 400～1000個もの卵を産むといわれています。家の中で繁殖している場合は、寝ているあいだに全身を刺されることもあります。

▶ネコノミ。後ろあし（矢印）がとても長いことがわかる。

写真提供：長島聖大

ヒトジラミ(亜種アタマジラミ)

寄生

◆カジリムシ目 ◆ヒトジラミ科 ◆学名：*Pediculus humanus*

実物大 体長：オス2-3mm/ メス3-4mm

写真提供：奥山風太郎

世界中で、とくに子どもの頭に寄生して血を吸います。シラミというと不潔にしているから寄生されると誤解されることもありますが、頭につく亜種アタマジラミは清潔にしていても寄生されます。ぼうしやタオルなどの共有、頭を近づけることなどで移動して寄生し、いまふたたび日本でひろまっています。
オスもメスも、幼虫も成虫も、食料はヒトの血液。吸血できないと、2日ほどで死んでしまいます。吸血するときに注入するだ液によって、激しいかゆみが生まれます。あまりのかゆさに頭をかきむしって傷ができることもあります。

在来種

分布◆世界各地
日本での分布◆本州～南西諸島

もっと知りたい！

しっかりついた卵に注意！

アタマジラミは、ネコノミ（p62）のように飛ぶことはできませんが、あしのつめで髪につかまってすばやく移動します。成虫も幼虫も毛の根もと近くにつかまって、かくれて移動するので見つけにくいです。
流行しているときは、タオルなどの共有をさけ、毎日髪を洗う、髪をよく調べて卵を見つけたらとりのぞくなどして予防しましょう。

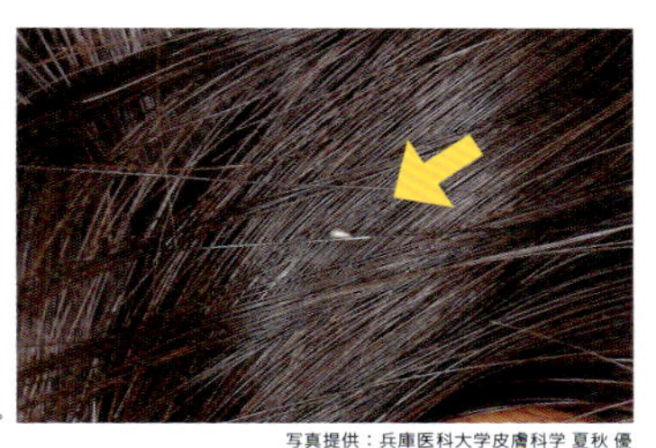

▶セメントのようなもので髪にしっかりついた卵（矢印）。

写真提供：兵庫医科大学皮膚科学 夏秋 優

Column

「不快害虫」って何？

わたしたちにとって危険な「危険昆虫」「衛生害虫」、農作物などに害のある「害虫」「農業害虫」（p43）などのほかに、「不快害虫」とよばれる虫がいます。「不快害虫」は、とくに健康に危険があったり、農作物に害をあたえたりするわけではないけれど、生活の中にいると「不快」に感じてしまう虫のことです。

ノミバエ

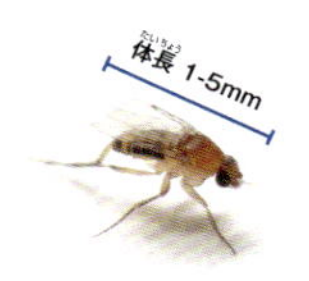

キイロショウジョウバエ

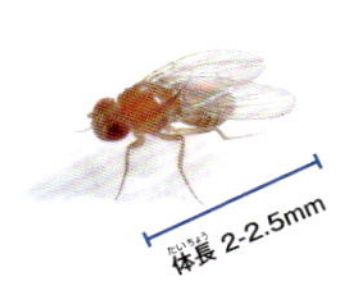

サシチョウバエのなかま（p56）やツェツェバエのなかま（p57）など、命に危険をおよぼすハエもいますが、これらのハエは、大きな害はありません。ただ、病原体をはこぶこともあり衛生的に問題があります。

カタオカハエトリグモ

ジョロウグモ

ドクイトグモ（p68）やセアカゴケグモ（p70）など、強い毒をもったクモもいますが、これらのクモは、とくに害はありません。ハエトリグモはハエを、ジョロウグモはスズメバチなどをとってくれる益虫（p43）でもあります。

クサギカメムシ

カメムシのなかまには、トコジラミ（p50）やサシガメのなかま（p51）などの危険昆虫もいて、このクサギカメムシのように、不快なにおいを出すものもいますが、ほとんどのカメムシには危険はありません。

ゲジ

ゲジは、ムカデやヤスデなどとおなじ多足類（p65、77）で、家の中で見つかることもあり、あしが多いため不快に感じてしまうこともあります。でも、シロアリ（p27）やトコジラミ（p50）などを食べる益虫でもあります。

チャバネゴキブリ

体長 10-12mm

ヤマトゴキブリ

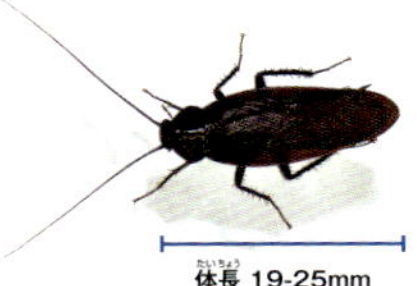

クロゴキブリ

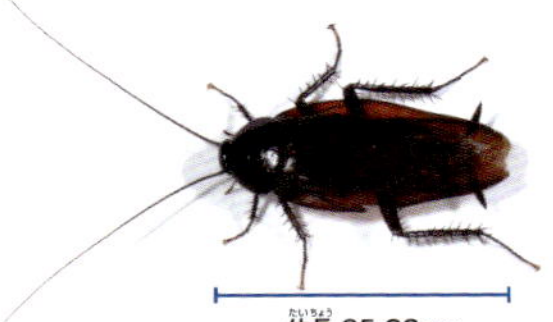

ゴキブリは、家の中にいてすばやく動くこともあり、名前を聞くのもいやという人がいるくらいきらわれている昆虫ですが、ほとんどのゴキブリは森にいます。そして、落ち葉を食べたり植物の実を食べたりすることで、土の栄養にしたり、種をはこんだりして森をつくる益虫でもあります。

写真提供：すべてアース製薬

第4章

昆虫以外の、危険な「虫」!

昆虫以外の危険な「虫」って、どんな虫? どんな危険があるんだろう?

危険な「虫」たちのサバイバル作戦 &
その危険からのサバイバル戦略とは?

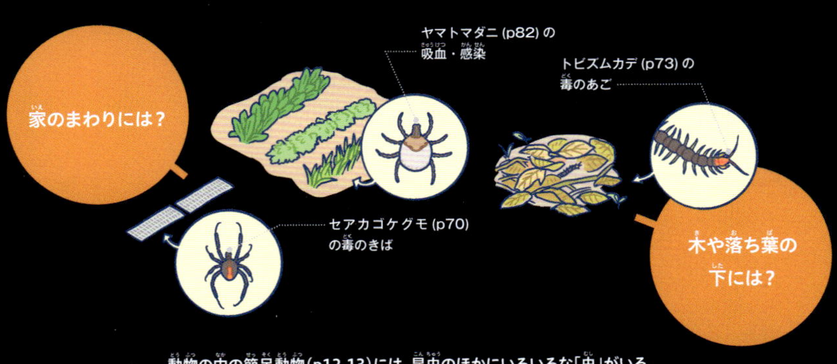

動物の中の節足動物(p12-13)には、昆虫のほかにいろいろな「虫」がいる。

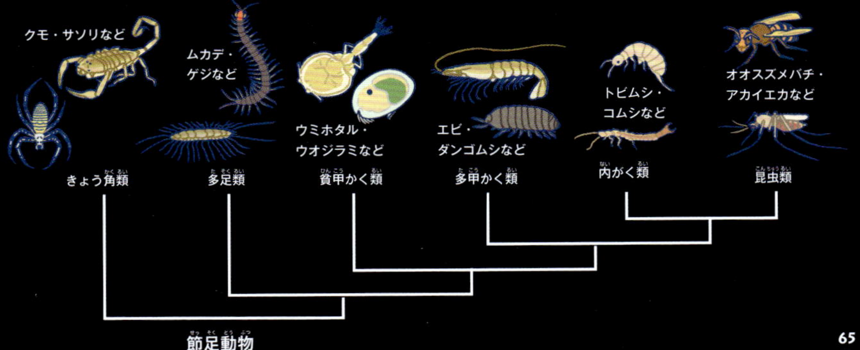

カバキコマチグモ

◆クモ目　◆コマチグモ科　◆学名：*Chiracanthium japonicum*

ヒトとの比較　体長：10-15mm

写真提供：奥山風太郎

日本在来のクモの中で、最も強い毒をもっています。ススキやヨシなどの生えている草原にいます。ヒトが近づいたり巣をさわったりすると、鋭いきばでかまれます。また、メスをもとめて家に入ってきたオスにかまれることも。
かまれると、針でえぐられたように激しく痛みます。死にいたることはありませんが、人によっては、数日間、頭痛やはきけ、発熱、呼吸困難、かまれた部分のひふの「え死（組織がこわれてしまうこと）」がおこることがあります。

在来種

分布◆日本、朝鮮半島、中国
日本での分布◆北海道～九州

子は母を食べて育つ!?

カバキコマチグモは、ススキなどの葉をおりまげて糸でつなぎ、ちまきのような形の巣をつくり、100個ほどの卵を産みます。子グモは卵からかえり、1回脱皮すると母グモの体液を吸います。母グモは、近づく敵とはたたかいますが、自分を食べる子グモは攻撃せず、子どもたちは母を全部吸いつくして巣立つのです。

▶カバキコマチグモの巣。おもしろい形なのであけようとしてかまれることがあるので、要注意。

写真提供：pixta

シドニージョウゴグモ

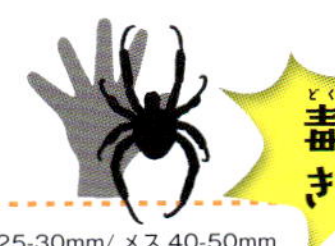

◆クモ目　◆ジョウゴグモ科　◆学名：*Atrax robusrus*

ヒトとの比較　体長：オス 25-30mm/ メス 40-50mm

写真提供：アフロ

最も毒性の強いクモで、かまれると腹痛や嘔吐があり、全身がけいれんして呼吸困難になり、子どもでは 15分ほどで死ぬこともあります。夜行性で、トカゲやゴキブリ、甲虫などを食べます。枯れ木や石の下などに巣をつくりますが、巣にふれてしまうと飛び出してきてかみつくことも。靴の中にいるのに気づかずにはいてしまい、かまれてしまった子どももいます。写真のように前あしを上げるのは、「いかく」姿勢。とくに注意が必要です。

海外の種

分布◆オーストラリア南東部
日本での分布◆なし

もっと知りたい！

国内最大級のオオクロケブカジョウゴグモ！

日本の八重山諸島にいる国内最大級の気性の荒いクモです。石垣島や西表島のジャングルの、岩や倒木にトンネル状のかくれ家をつくります。メスは体長 30-35mm、オスは 15-20mm。
シドニージョウゴグモとおなじジョウゴグモ科ですが、毒性は確かめられていません。

▶こちらに向かっていかく姿勢をとるオオクロケブカジョウゴグモ。

写真提供：奥山風太郎

ドクイトグモ

毒のきば

◆クモ目　◆イトグモ科　◆学名：*Loxosceles reclusa*

ヒトとの比較　体長：7-12mm（オス平均 8mm/ メス平均 9mm）

死の危険

強毒ナンバー2！

写真提供：iStock

毒の強さで、オーストラリアのシドニージョウゴグモ（p67）についで強いのはアメリカのドクイトグモといわれています。ただ、シドニージョウゴグモほどの攻撃性はなく、かまれる事故はそれほど多くありませんが、かまれた部分がえ死（p66）することもあります。また、足首をかまれたのに気づかず、しばらくしてかまれた部分がはれ、歩けなくなって病院へ行き、もう少しで足を切断しなくてはならなかったという事故もありました。高齢者や幼児では死亡例もあります。

海外の種

分布◆北アメリカ南部
日本での分布◆なし

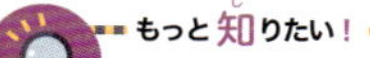

ガレージなどにひそんでいることも！

乾燥した暗い場所を好み、多くは昼間、岩かげなどにひそみ、夜、クモやアリなどの節足動物（p13、65-84）などを食べます。ただ、家のガレージや物置などにすみ着いてしまうこともあります。また、シドニージョウゴグモとおなじように、靴の中にかくれているのに気づかずにはいてしまってかまれるという事故もあります。

▶体長は 7-12mm と小さいが、細くて長いあしが特徴。

写真提供：iStock

昆虫以外の、危険な「虫」！

ルブロンオオツチグモ

毒のきば

◆クモ目　◆オオツチグモ科　◆学名：*Theraphosa brondi*

ヒトとの比較　体長：80-130mm

写真提供：iStock

体長は最大で130mm。あしをひろげると300mmにもなり、体重は最大175gと世界最大級の毒グモです。毒のきばは20-40mmもあります。南アメリカの熱帯雨林にすみ、夜行性。昆虫からトカゲ、カエルやヘビ、コウモリやネズミまで食べます。えものを襲うと、深い巣あなにひきずりこんでかみつき、毒を注入して体をとかして吸いこみます。毒は、ヒトに対しては強くはないので、近年の死亡例はありませんが、1800年代には死者がいたといわれています。

海外の種

分布◆南アメリカ北部
日本での分布◆なし

もっと知りたい！

恐ろしい毒の毛をまきちらす！

毒のきばだけでなく、毒の毛もかれらの強力な武器です。ルブロンオオツチグモは、攻撃されると、背と腹に数千〜数万本も生えている毒の毛を、あしでまきちらします。この毛がひふについたり目に入ったりすると炎症をおこします。この毒は、数日間も症状がつづきます。

▶全身に毒の毛まであるルブロンオオツチグモ。

写真提供：iStock

セアカゴケグモ

毒のきば

◆クモ目　◆ヒメグモ科　◆学名：*Latrodectus hasselti*

ヒトとの比較　体長：オス 4-5mm/ メス 7-10mm

写真提供：環境省

日本では、1995年に大阪府ではじめて発見されてから全国にひろがり、現在は全国各地に定着し、特定外来生物に指定されています。かまれると、針で刺されたような痛みがあり、めまいやはきけ、呼吸困難などに襲われます。とくに幼児や高齢者は重症になることがあります。雨のあたらない乾燥した場所を好み、駐車場や排水溝 (p8)、ベンチやすべり台の下などにいるので注意しましょう。毒は強く、海外では死亡例もあります。

外来種

分布◆オーストラリアから世界各地へ移入
日本での分布◆北海道～九州、沖縄諸島

もっと知りたい！

クロゴケグモの強い毒にも注意！

クロゴケグモはセアカゴケグモに似ていて、おなじヒメグモ科のクモ。北アメリカの中部から南部原産で、2000年以降少数ですが日本でも発見されています。セアカゴケグモより毒性が強く、アメリカでは、多くの死亡が報告されています。とくに子どもの死亡率が高いので注意しましょう。

▶巣の上のクロゴケグモ。セアカゴケグモに似ているが、背中には赤いもようがない。

写真提供：iStock

ハイイロゴケグモ

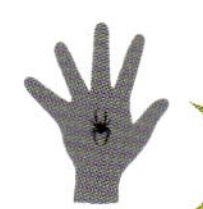

◆ クモ目　◆ ヒメグモ科　◆ 学名：*Latrodectus geometricus*

ヒトとの比較　体長：オス 3-4mm/ メス 6-9mm

写真提供：環境省

セアカゴケグモ（p70）やクロゴケグモとおなじヒメグモ科のクモです。1995年にはじめて日本で確認されてから、どんどん生息域をひろげています。写真のようにオスとくらべて大きいのがメスです。メスは3年ほど生き、ゴケグモのなかまの中でも産卵数が多く、1回の繁殖で5000個もの卵を産みます。かまれると激しい痛みや頭痛、筋肉痛、さらに筋肉のまひがおこることもあります。ただ、攻撃性は強くなく、セアカゴケグモほど強い毒をもっていないので、死亡の報告はありません。

外来種

分布◆オーストラリア、中央アメリカ～南アメリカ、太平洋の島じま
日本での分布◆関東地方～九州の各地域、沖縄諸島

もっと知りたい！

意外と身近な場所にいるので要注意！

巣は、道路のわきの排水溝や駐車場のまわり、エアコンの室外機やプランターのかげなどにつくります。また、ベンチのうらや自動販売機の下など、身近な場所にいることも多いので注意しましょう。ハイイロゴケグモは、背中の色が黒や茶、灰色などいろいろな色のものがいます。おもに昆虫類を食べ、毒をもっているのはメスだけです。

▶巣の上にいるハイイロゴケグモのメス。背中に点のもようがある。

写真提供：環境省

アオズムカデ

◆ オオムカデ目　◆ オオムカデ科　◆ 学名：*Scolopendra japonica*

ヒトとの比較　体長：75-130mm

写真提供：奥山風太郎

日本にいるムカデの中で、ヒトに被害をあたえるのはオオムカデ科のアオズムカデやトビズムカデ（p73）などです。いずれも夜行性。アオズムカデは、日中は落ち葉や石の下などにいて、夜になるとゴキブリやコオロギなどの昆虫をさがします。ゴキブリをもとめて家の中に入ることもあり、寝ているときに毒あごでかまれる被害も。かまれると激しい痛みがあり、毒液のために細胞がえ死（p66）してしまうこともあります。
ただ、ゴキブリなどを食べてくれる益虫（p43）でもあります。

在来種

分布◆日本、中国、台湾、東南アジアの各地など
日本での分布◆本州～沖縄諸島

もっと知りたい！

漢方薬にもなる！?

アオズムカデなどオオムカデ科のムカデは、昔から、乾燥させたり油につけたりして、漢方薬として利用されてきました。高血圧や頭痛、やけどなどにきくといわれています。また、大型の観賞魚などのえさとして売られていることもあります。
強いイメージから、戦国時代には、かぶとなどにムカデの形のかざりをつけることもありました。

▶乾燥させ、漢方薬の材料として、たばにされているオオムカデのなかま。

写真提供：photolibrary

トビズムカデ

◆ オオムカデ目　◆ オオムカデ科　◆ 学名：*Scolopendra subspinipes mutilans*　ヒトとの比較 体長：80-150mm

写真提供：奥山風太郎

最大で150mmにもなるムカデです。長生きで10年近く生きることも。毒も最強といわれ、かまれると激痛がはしり、赤くはれ、命にかかわることはありませんが、かまれた部分のひふが、え死（p66）することもあります。昼間は倒木や石の下などのじめじめした場所にいて夜活動します。木にものぼり、家に入ることも。マンションの3階の部屋で寝ていてかまれたという被害もあります。家に入られないようにするには、家のまわりを整理してじめじめした場所をなくしましょう。

在来種

分布◆東アジア
日本での分布◆本州～奄美諸島

もっと知りたい！

1番前のあし「がくし」から毒を出す！

毒を出す「あご」は、じつは1番前の「あし」です。「顎」の「肢」と書いて「がくし」といいます。これで、えものをつかまえて食べ、危険を感じると、かみついて毒を注入します。

ムカデのあしは、15対から191対までですが、かならず奇数対なので、50対のものはいません。ムカデは漢字では「百足」と書きますが、100本あしのムカデはいないのです。

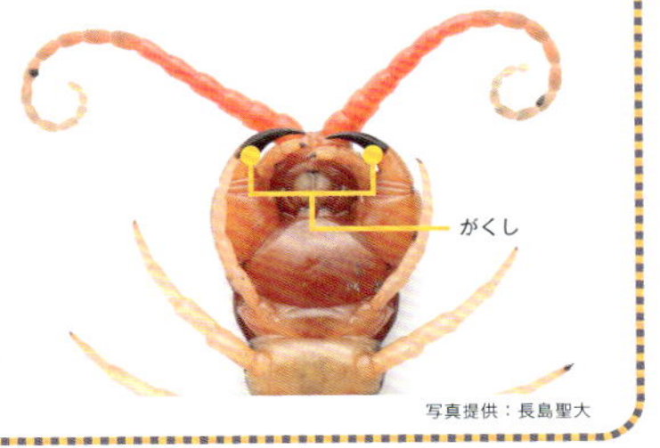

▶「がくし」の前に2本の触角があり、これでまわりのようすを察知して移動する。

写真提供：長島聖大

リュウジンオオムカデ

◆オオムカデ目　◆オオムカデ科　◆学名：*Scolopendra alcyona*

ヒトとの比較　体長：200mm

写真提供：奥山風太郎

日本最大のムカデです。アオズムカデ（p72）やトビズムカデ（p73）とおなじオオムカデ科で、毒のあごをもっています。2021年、日本では143年ぶりにオオムカデ属の新種（p94）として発表されました。エビやカニなどの多甲かく類（p65）を食べます。「龍神」と「ムカデ」が登場する昔話から「リュウジンオオムカデ」と名づけられました。ただ、リュウジンオオムカデは、数が少なく絶滅（p95）が心配されていることから、つかまえることなどが禁止される「種の保存法」の緊急指定種に指定されています。

在来種

分布◆日本、台湾
日本での分布◆沖縄諸島～八重山諸島

もっと知りたい！

卵をまもるムカデ

ムカデのなかまはメスが卵をまもります。卵は乾燥に弱いので、たくさんのあしで卵をだいてなめながらまもります。ふ化してからも、しばらくは背中に乗せてまもり、母親は、子どもが自分でえものをとれるようになるまで、数か月間も何も食べずに保護するのです。

▶南西諸島に生息するタイワンオオムカデ。八重山諸島の西表島の森の倒木の下で卵をだいているところ。

写真提供：奥山風太郎

ペルーオオムカデ

◆オオムカデ目　◆オオムカデ科　◆学名：*Scolopendra gigantea*

ヒトとの比較　体長：200-300mm

最悪のケース
え死

世界最大の毒ムカデ！

写真提供：奥山風太郎

世界最大の毒ムカデ。「ペルビアンジャイアントオオムカデ」ともよばれています。夜行性で、昼間は岩や落ち葉の下、樹皮の下などにいて、どうくつの中にかくれていることも。夜、えものをもとめて動き出します。えものは、大型の昆虫やは虫類、小型のほ乳類。どうくつでコウモリを襲うこともあり、昼間でも木にのぼってえものをさがすことも。狩りには毒のあごでかみ、毒を注入。写真のような目立つ色は、「毒をもっているから近づくな」と知らせる「警告色」といわれています。

海外の種

分布◆南アメリカ北部とそのまわりの島じま
日本での分布◆なし

もっと知りたい！

動きの速いマレーシアチェリーレッドにも注意！

ペルーオオムカデとおなじオオムカデ目オオムカデ科で、「マレーシア」にすむ「サクランボのように赤い」という意味で名づけられた「マレーシアチェリーレッド」。東南アジアなどに生息しています。大きいものは260mmほどになり、毒のあごをもち、とても動きが速いムカデです。まっ赤なものから、黒っぽいもの、オレンジ色っぽいものもいます。

▶あざやかな色のマレーシアチェリーレッド。

写真提供：奥山風太郎

アフリカオオヤスデ

◆ヒキツリヤスデ目　◆ヒキツリヤスデ科　◆学名：*Archispirostreptus gigas*　ヒトとの比較　体長：178-335mm

写真提供：123RF

最悪のケース

目の炎症

世界最大のヤスデです。アフリカ南東部の熱帯雨林に生息し、寿命は7〜10年といわれています。ムカデ（p72-75）のような毒あごはありませんが、危険を感じると、身をまもるために胴の側面や下面から、刺激的なにおいのある体液を出します。この体液に強い毒はありませんが、目や口に入ると炎症をおこすこともあるので注意しましょう。
ヤスデは、落ち葉や枯れ葉、くさった木材などを大量に食べて土に変え、森の中の不要なものを分解する森にとっての益虫（p43）でもあります。

海外の種
分布◆アフリカ南東部
日本での分布◆なし

もっと知りたい！

2023年に新種記載されたヤエヤマママルヤスデ！

体長は、最大75mmと日本最大のヤスデです。このヤスデは以前から知られ、絶滅が心配され、環境省のレッドリストで「絶滅危惧種（p94-95）」とされていましたが、正式な学名がありませんでした。地道な研究の結果、2023年に新種（p94）として発表されました。

▶ヤスデのなかまは身をまもるための液を出すものが多く、ヤエヤマママルヤスデが出す液も、くさいだけでなく目に入ると炎症がおこるので注意しよう。

写真提供：奥山風太郎

ムカデ、ゲジ、ヤスデのちがいは？

たくさんのあしがあり、おもに地面をはうムカデ (p72-75) やゲジ (p64) やヤスデ (p76-77)。すべて「多足類 (p65)」とよばれる節足動物 (p12-13、65) のなかまです。どのようなちがいがあるのでしょう？

	ムカデ	ゲジ	ヤスデ
	トビズムカデ (p73) 写真提供：奥山風太郎	ゲジ 写真提供：アース製薬	ヤエヤマママルヤスデ (p76) 写真提供：奥山風太郎
分類	ムカデ綱	ムカデ綱	ヤスデ綱
体長	60–300㎜	20–25㎜	2–335㎜
あしの数	30–382本	30本	10–1306本
動く速さ	速い	とても速い	遅い
生息域	落ち葉や石の下、植木ばちの下など	落ち葉や石の下、家のゆか下、畑など	落ち葉や石の下、倒木の下など
食べもの	ゴキブリ・ダンゴムシ・コオロギなど	シロアリ・トコジラミ・ゴキブリなど	落ち葉やくさった植物など
ヒトへの危険	かんで毒液を注入	とくになし	くさい液を出す

ヤスデを専門に食べるムカデ、ヨロイオオムカデもいる！

ムカデとヤスデは、すがたは似ていますが、ムカデは肉食、ヤスデは草食です。また、ムカデは毒をもっていますが、ヤスデはくさい液を出すだけで大きな危険はありません。

ヨロイオオムカデはヤスデを専門に食べます。ヨロイオオムカデは、ヤスデを襲うと頭部に向かい、毒のきばをヤスデの口の中に入れて毒を注入。ヤスデはくさい液を出して抵抗しますが、ムカデには効果はなく、ヤスデは毒液で動けなくなり、頭から中身を食べられてしまいます。

ヤスデ（右）を襲うヨロイオオムカデ（左）。完食するとヤスデの外骨格 (p12) だけがのこる。
写真提供：島田 拓

オブトサソリ

◆サソリ目　◆キョクトウサソリ科　◆学名：*Leiurus quinquestriatus*

ヒトとの比較　体長：80-110mm

強力な毒をもち、刺されたときの痛みはハチの100倍ともいわれています。毒性も強いため死亡例も多く、英名は「デスストーカー（しのびよる死）」。

砂漠地帯に生息していて、少ないえものを確実にしとめるために強毒をもつようになったと考えられています。えものは、昆虫や小動物。共食いもします。

狩りのときは和名「オブトサソリ」の名のとおりの「太い尾」をふり上げて毒針を刺します。オブトサソリが尾をふり上げるスピードは、秒速130cmという報告もあります。

写真提供：アフロ

海外の種

分布◆アフリカ北部～中東～インド西部

日本での分布◆なし

もっと知りたい！

キョクトウサソリのなかまが日本にも！

「デスストーカー」とよばれるオブトサソリとおなじキョクトウサソリ科のサソリが、アフリカにいます。刺されると激痛、嘔吐、呼吸困難などに襲われ、5歳以下の子どもでは20～60％を死亡させる種類もいるといわれています。輸入も飼育も禁止されていますが、50種近くもがペットとして輸入されているといわれているので注意が必要です。

▶「サウスアフリカン ジャイアントファットテール スコーピオン（南アフリカの巨大な太い尾のサソリという意味）」。ほかにもさまざまな種が発見されている。

写真提供：環境省

ダイオウサソリ

◆サソリ目　◆コガネサソリ科　◆学名：*Pandinus imperator*

ヒトとの比較　体長：150-220mm

写真提供：奥山風太郎

体長は強毒のオブトサソリ（p78）の2倍もある世界最大級の毒サソリ。英名「エンペラー スコーピオン（皇帝サソリ）」には「皇帝」、和名には「大王」とつき、大きくて恐ろしいすがたですが性質はおとなしく、毒性も弱いといわれています。ただ、はさみは太く力強いので、はさまれると痛くて出血することも。おもにシロアリ（p27）を食べ、アフリカの巨大なシロアリ塚（p2）にあなをほってとらえます。またトカゲやネズミのなかまも、毒針でまひさせ、大きなはさみでひきさいて食べます。

海外の種

分布◆アフリカ大陸中西部
日本での分布◆なし

もっと知りたい！

小さなはさみもつかって食べる！

サソリは、尾の毒針だけでなく、大きなはさみももっています。さらに、口もとには「きょう角」という小さなはさみもあり、これでえものを小さくきざんで食べます。また、ダイオウサソリは、尾と大きなはさみに毛が生えていて、その毛で空気と地面の振動を感じてえものを見つけることができるのです。

▶ダイオウサソリの口もとの「きょう角（矢印）」。ヒトの歯のようなはたらきをしている。

写真提供：足立区生物園

マダラサソリ

毒針

◆サソリ目 ◆キョクトウサソリ科 ◆学名：*Isometrus maculatus*

ヒトとの比較 体長：40-60mm

写真提供：奥山風太郎

オブトサソリ（p78）など強毒をもつサソリが多いキョクトウサソリ科のサソリには、日本に古くから生息しているものもいます。南の島じまに生息するマダラサソリもその一種です。ただ、毒針が小さくて毒は強くないので、刺されると痛みはありますが、赤くはれるくらいで治療が必要なほどではありません。倒木の下や石の下などの乾燥した場所を好み、家の近くでも見られます。家や倉庫の中などにも入ってきて、刺されることがあるので注意しましょう。日本では飼育は禁止されています。

在来種

分布◆世界の熱帯〜亜熱帯地域
日本での分布◆小笠原諸島、宮古諸島〜八重山諸島

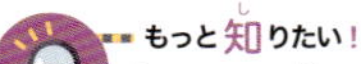
もっと知りたい！

子はお母さんがおんぶ！

サソリのなかまは、卵ではなく子を産みます。マダラサソリは、1回に14〜21ぴきの子を産みます。生まれた子どもたちは、母親の背中に乗って最初の脱皮までそこですごします。5日ほどたって脱皮をすると、子どもたちは少しずつ母親からはなれ、ひとり立ちしていきます。

▶八重山諸島の石垣島にいたマダラサソリの母と子。背中に乗っているあいだは、子は何も食べない。

写真提供：奥山風太郎

ヤエヤマサソリ

毒針

◆サソリ目　◆ヤセサソリ科　◆学名：*Liocheles australasiae*

ヒトとの比較　体長：22-36mm

写真提供：奥山風太郎

日本在来種のサソリは、マダラサソリ（p80）とヤエヤマサソリの２種だけです。ヤエヤマサソリは、メスだけで子を産むめずらしいサソリ。日本では南の島じまで発見されていますが、オスは見つかっていません。海外では、オスが発見されている場所も少しだけあります。
小さな尾に毒針はありますが、刺されても少し痛いくらいでほとんど被害はありません。ヒトのような大きな敵から身をまもるためではなく、小さなえものをとるための毒針と考えられています。

在来種

分布◆東南アジア、インド、オーストラリア、日本
日本での分布◆沖縄諸島の一部、宮古諸島～八重山諸島

もっと知りたい！

アマミサソリモドキの刺激性のある液にも注意！

アマミサソリモドキは、奄美諸島などに生息しています。サソリモドキ目のなかまは、すがたはサソリに似ていますが、毒針はありません。腹の先に細いむちのようなものがあり、危険を感じると刺激性のある液を噴射します。噴射する液にふれると炎症をおこすので注意が必要です。

▶倒木や石の下などにいることが多い。

写真提供：奥山風太郎

ヤマトマダニ

◆マダニ目　◆マダニ科
◆学名：*Ixodes ovatus*

実物大　体長：約 3mm

感染で死亡例も！

死の危険

マダニのなかまは、いま最も恐ろしい虫の1つです。日本には、ヤマトマダニやタカサゴキララマダニ（p83）、フタトゲチマダニ（p84）などが生息しています。いずれも小さな生物ですが、オスもメスも動物の血を吸って生きています。成長にしたがって幼ダニのときはネズミなど、若ダニでは鳥や小～中型のほ乳類、成ダニになるとヒトなどと、吸う相手を変えるものもいます。そして、血を吸うときに恐ろしい病気の病原体をはこび、感染すると死亡してしまうことがあるのです。

在来種

分布◆東南アジア、台湾、韓国、中国、日本
日本での分布◆屋久島以北の日本全土

写真提供：長島聖大

もっと知りたい！

マダニの被害、急増中！

写真提供：国立感染症研究所

ほとんどのダニは菌類や植物などを食べ、ヒトの血を吸うものはわずかです。ただ、いま、温暖化などの影響でシカやイノシシなどの動物がふえ、動物の血を吸うマダニのなかまもふえ、マダニのなかまから病気に感染して死亡するヒトがふえています。マダニのなかまは、いずれも小さくて気づきにくいので、野山や川原などを歩くときは、夏でも長そで長ズボンを着て（p88）刺されないように注意しましょう。

◀ヤマトマダニ。葉の先にとまって血を吸う動物を待つといわれている。

タカサゴキララマダニ

◆マダニ目　◆マダニ科　◆学名：*Amblyomma testudinarium*

実物大　体長：約 7mm

写真提供：丸山宗利

マダニのなかまは、血を吸うとき、刺されていることを感じにくくする物質をだ液として注入します。そのときに病原体を注入してしまうことがあり、恐ろしい病気に感染することがあるのです。さらに、マダニは体が小さいので血を吸われていても気づきにくく、気づいてとろうとしても口先のぎざぎざした「かえし」を刺しこんでいるため、かんたんにはとれません。無理にとると、口先がひふの中にのこってしまうので、かんたんにとれないときは、病院でとってもらいましょう。

在来種

分布◆インド、日本、東南アジアの国ぐになど
日本での分布◆本州～南西諸島

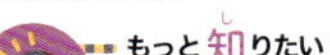

吸血後、大量に産卵！

マダニのなかまは、卵から成ダニになるまで2年以上かかる種が多いといわれています。そして、血を吸うのは、幼ダニのときと脱皮した若ダニのときと成ダニになっての3回。成ダニのメスは10～14日ほどかけて血を吸い、体重は100倍ほどになり、2000～3000個もの卵を産んで死にます。

写真上／左は血を吸う前のタカサゴキララマダニのメスの成ダニ、右は血を吸ったあとのすがた。写真右／吸血後に産卵したところ。血を吸うと巨大になり、大量の卵を産むことがわかる。

写真提供：山口大学共同獣医学部

フタトゲチマダニ

◆マダニ目　◆マダニ科　◆学名：*Haemaphysalis longicornis*

実物大　体長：約4mm

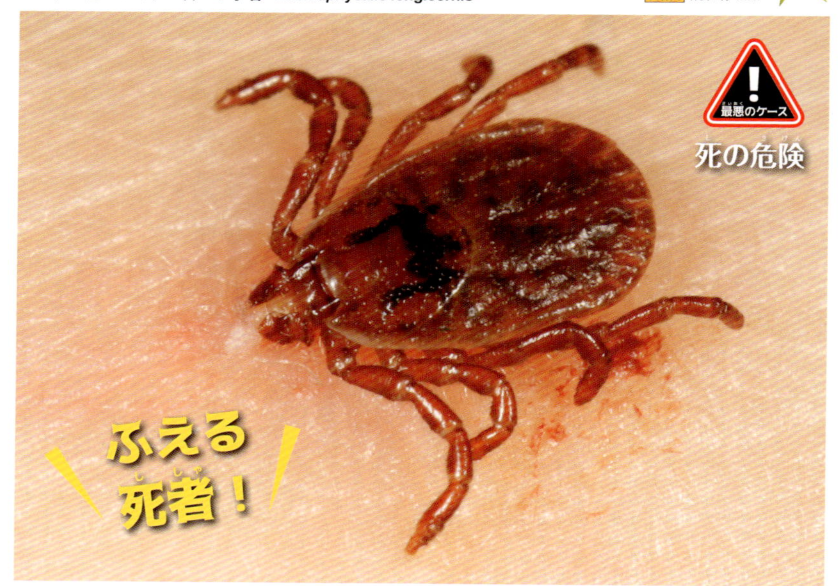

写真提供：奥山風太郎

マダニのなかまの吸血による感染で、いま、とくに恐ろしいのは、「重症熱性血小板減少症候群（SFTS）」という病気です。感染すると、1～2週間で発熱や嘔吐、下痢や頭痛があらわれ、死亡することも多い病気です。完全に治す治療法がなく、とくに高齢者の死亡が多いです。SFTSは、2013年に国内ではじめて患者が報告されましたが、その後、急速に患者がふえ、2023年までに900人もが感染し、すでに100人以上がなくなっているのです。

在来種

分布◆東アジア、オーストラリア、ニュージーランド、太平洋の島じま
日本での分布◆北海道～南西諸島

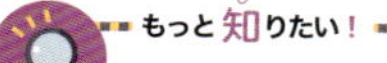

もっと知りたい！

カメキララマダニがヒトを刺すこともある！

カメキララマダニは、本州の一部と南西諸島に生息するマダニの一種。名前に「カメ」とあるようにカメの血を吸います。ところが2005年、沖縄県の石垣島で住民のダニ被害があり、調査したところカメキララマダニがヒトを吸血していたことがわかりました。いずれも激しいかゆみと水ぶくれなどの被害がありました。

▶カメを吸血しているカメキララマダニ。体長は約7mm。

写真提供：奥山風太郎

終章

危険な「虫」とつきあうために

危険な「虫」にやられると、どうなる？　危険昆虫からのヒトのサバイバル戦略は？
絶滅しそうな昆虫たちのサバイバル戦略は？

そして、いま、わたしたちにできることは？

やられると？

ハチに刺されるとどうなるだろう？

被害にあわないために

被害にあわないための服装 (p88) を知ろう！

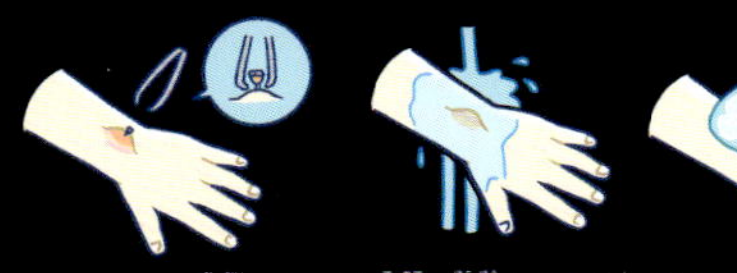

手当は？

被害にあわせた手当の方法 (p89) を知ろう！

ヒトの死亡原因ランキングは？

ヒトが死ぬ原因になる動物 (p92-93) は!?

行ってみよう！見てみよう！

昆虫館や科学館に行って、いろいろな昆虫に会おう！(p98-109)

危険昆虫にやられると！？

危険昆虫の被害にあったとき、どのような症状があるでしょう？　手当や治療をするためには、何による被害かわかることが大切なので、被害をあたえた昆虫をよく覚えておきましょう。

ハチなどに刺された　セグロアシナガバチ（p18）など

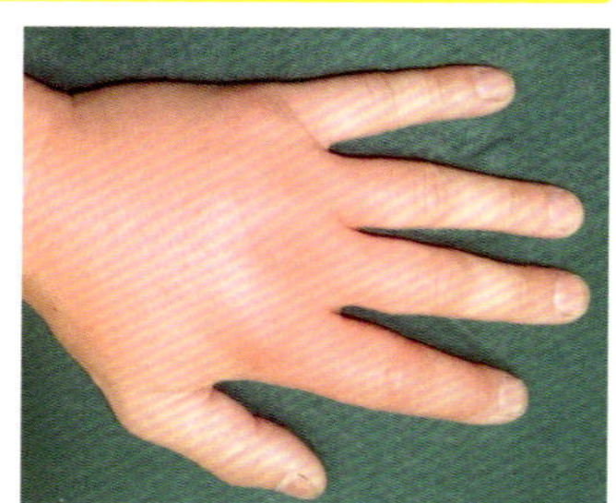

▲アシナガバチに刺された手。アレルギー体質の人は、アナフィラキシーショック（p89）が出て命にかかわることもあるので、注意が必要。

写真提供：兵庫医科大学皮膚科学 夏秋 優

◀セグロアシナガバチ。ハチの中で被害が多いのは、アシナガバチやスズメバチ。刺されると激しい痛みがあり、その後赤くはれる。

写真提供：長島聖大

ブユなどに刺された　アシマダラブユ（p60）など

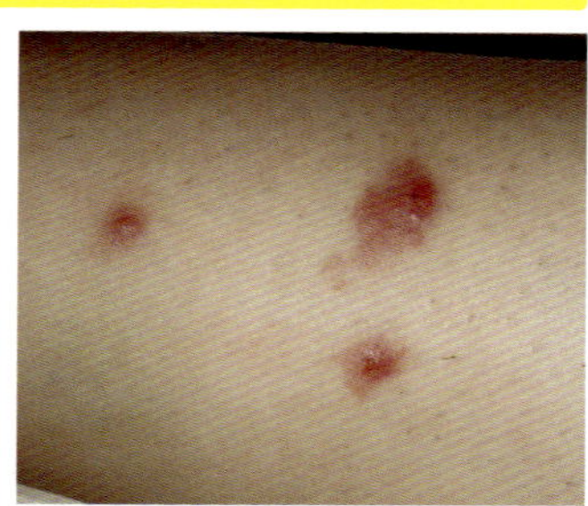

▲ブユに刺されたひふ。しだいに激しいかゆみを感じ、かきむしると、刺されたところが赤くかたくなってしまう。

写真提供：兵庫医科大学皮膚科学 夏秋 優

◀アシマダラブユ。刺されているときには気づかないことも。半日後ごろから刺されたところがかゆくなることが多い。

写真提供：兵庫医科大学皮膚科学 夏秋 優

毒ガの毛が刺さった　チャドクガの幼虫 (p47) など

◀チャドクガの幼虫。先のとがった毒の毛(p47) が、ひふに刺さると、おれてのこり、激しいかゆみと痛みがある。

写真提供：長島聖大

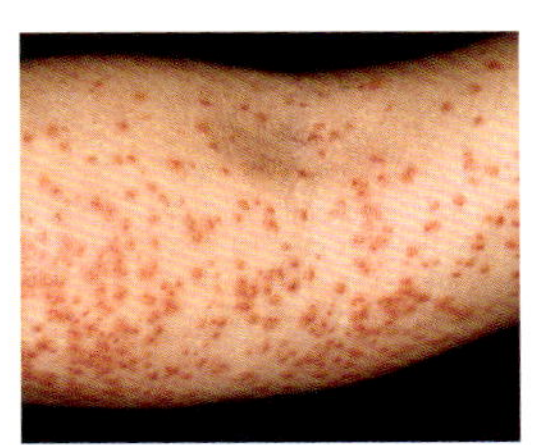

▲チャドクガの毒の毛が刺さってしまったひふ。赤くはれ、痛くてかゆい。かくと、さらにひどくなる。

写真提供：兵庫医科大学皮膚科学 夏秋 優

コウチュウの毒液がついた　アオバアリガタハネカクシ (p36) など

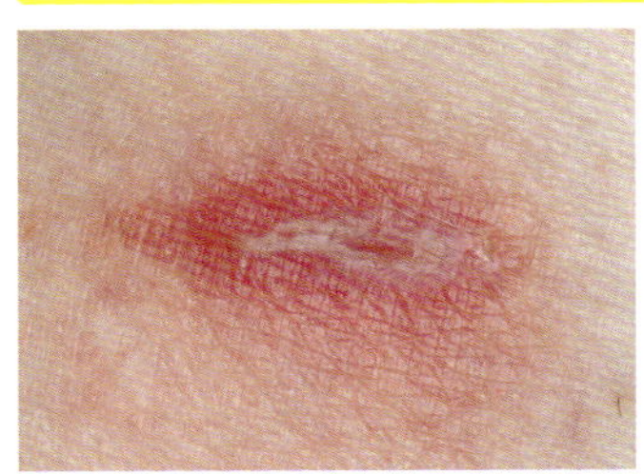

▲アオバアリガタハネカクシの毒液がついたひふ。ひふ炎をおこす。毒液が目に入ると失明することもある。

写真提供：兵庫医科大学皮膚科学 夏秋 優

▶アオバアリガタハネカクシ。体内に「ペデリン」という毒液があるので、たたかず、そっとはらいのけよう。

写真提供：長島聖大

被害にあわないための服装ともちもの

服装は？

はだを出さないように長そで長ズボン。黒っぽい色の服は、ハチに攻撃されやすくなるのでさけましょう。

もちものは？

被害にあったときのために、役に立つものを用意しておきましょう。

被害にあってしまったら！

危険昆虫の種類によって、手当の方法がちがいます。あわてず、何による被害かを確認して、それにあった適切な処置をしましょう。

ハチやブユ、アリやダニ、クモやムカデなどに、刺された・かまれたとき

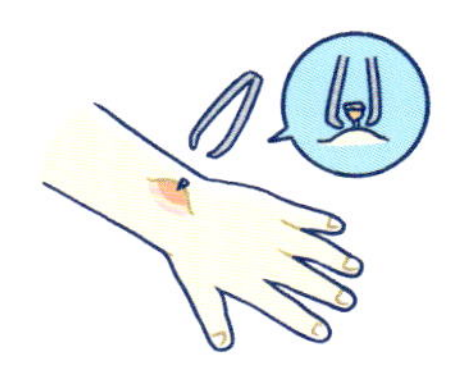

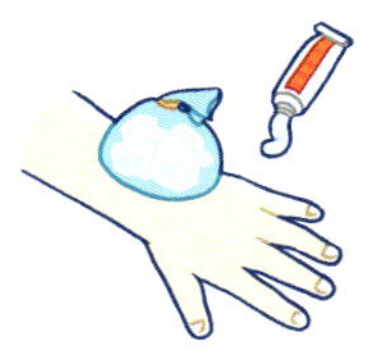

❶ 針などがのこっていたらとげぬきなどでぬく。

❷ 水で洗いながら、できるだけ毒を出す。

❸ あれば薬をぬって、水や氷で冷やす。

❹ 痛みやはれがひどいときは医療機関を受診する。

毛虫の毛や、コウチュウなどの毒液や毒ガスがついたとき

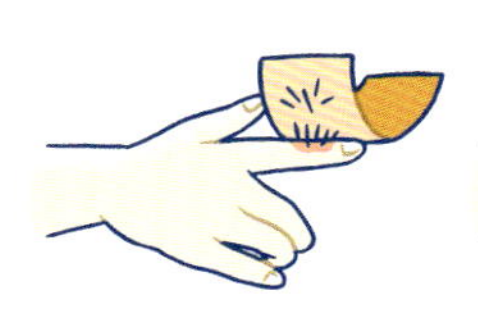

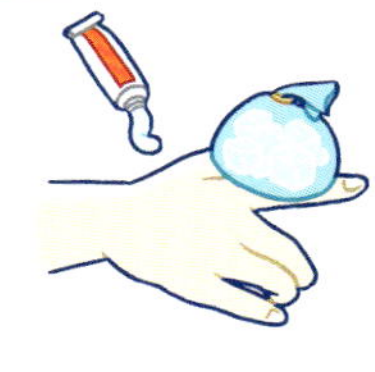

❶ ついた毛は粘着テープなどでとる。

❷ とれない毛や毒液などは水で流してとる。

❸ あれば薬をぬって、水や氷で冷やす。

❹ はれやかゆみがひどいときは医療機関を受診する。

アナフィラキシーショックに注意！

アナフィラキシーショックは、ハチやアリ、ムカデなどの毒が体内に入ったときに出る激しいアレルギー反応です。呼吸が苦しくなったり、じんましんが出たり、意識をうしなうなどの反応があり、死亡することもあります。危険昆虫の被害にあったときは、しばらくようすを見て、このような症状があったら、すぐ病院に行くか、救急車をよびましょう。

ハチ刺されなどは、2回め以降の場合、アナフィラキシーショックをおこすことが多いが、はじめてでもおこすことがある。

外来生物の危険

もともとその地域にいなかった生物が、ヒトによってもちこまれるなどして野生化したものを、「外来生物」といいます。

外来生物は、それまでいた生物のえさやすみかをうばう・その地域にはなかった病気をもちこむ・作物の害虫になる(p43)などの問題があります。ここで紹介する種など、とくに危険な外来生物は、「特定外来生物」に指定されています。わたしたちは、そうした生物を、日本に入れない・飼わない・捨てない・ほかの地域にひろげないことが大切です。

ヒアリ (p28)

攻撃性も強く、強い毒針をもち、繁殖力も強い。おなじく「特定外来生物」であるアルゼンチンアリ(p31)なども、注意が必要。

写真提供：島田 拓

ツマアカスズメバチ (p17)

毒針をもち、刺されるとアナフィラキシーショック(p89)をおこすこともある。また、在来種のニホンミツバチ(p20)を襲うこともある。

写真提供：環境省

セアカゴケグモ (p70)

かまれると強い痛みがある。繁殖力が強く1995年にはじめて見つかってから、30年近くでほぼ全国にひろがってしまった。ハイイロゴケグモ(p71)も「特定外来生物」に指定されている。 写真提供：環境省

キョクトウサソリのなかま (p78)

刺されると、強い痛みがあり、呼吸ができなくなって死亡することも。いろいろな種がいて、すでに各地にひろがってしまっている。

写真提供：環境省

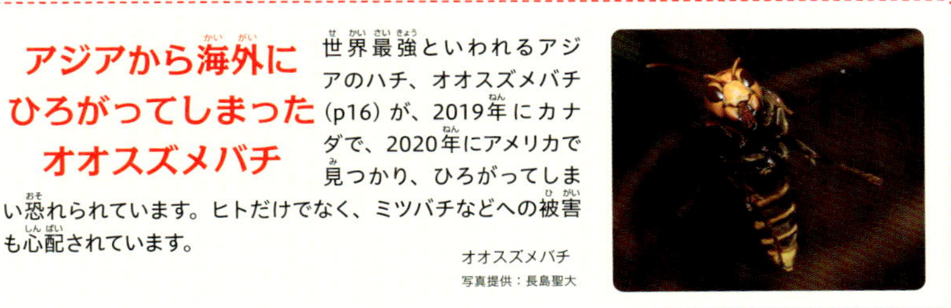

アジアから海外にひろがってしまったオオスズメバチ

世界最強といわれるアジアのハチ、オオスズメバチ(p16)が、2019年にカナダで、2020年にアメリカで見つかり、ひろがってしまい恐れられています。ヒトだけでなく、ミツバチなどへの被害も心配されています。

オオスズメバチ
写真提供：長島聖大

生きもの危険度ランキング

昆虫以外にも、地球には、さまざまな危険な生物がいます。世界中で、1年間に生きものが原因で死亡した人数のランキングを紹介しましょう。

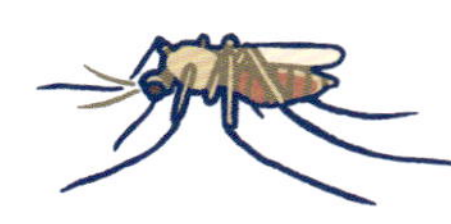

1位　カのなかま　83万人

血を吸うときに病原体をはこび、世界中で、とてもたくさんのヒトがなくなっている。ハマダラカのなかま (p55)、コガタアカイエカ (p52)、ヒトスジシマカ (p54) やネッタイシマカ、アカイエカ (p53) などが感染の原因になる。

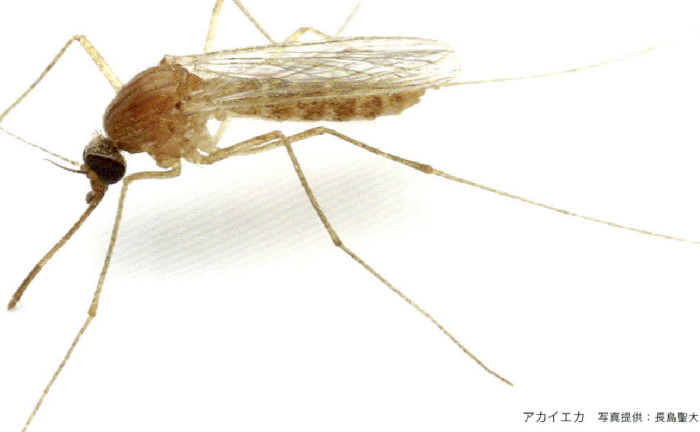

アカイエカ　写真提供：長島聖大

2位　ヒト　58万人

残念ながら、ヒトの死因の2位はヒトといわれている。戦争やテロ、殺人などでたくさんのヒトがヒトによって命を落としている。

3位　ヘビのなかま　6万人

ヘビには毒のきばをもったものがいて、そんなヘビにかまれることで命を落とすヒトがたくさんいる。

4位　サシチョウバエのなかま　2万4200人

サシチョウバエのなかま (p56) は、ヒトを刺すときにリーシュマニア原虫 (p56) という病原体をはこび多くのヒトがなくなっている。

5位　イヌ　1万7400人

狂犬病のイヌにかまれることにより、狂犬病ウイルスが体内に入って狂犬病にかかり、死亡するヒトも多い。

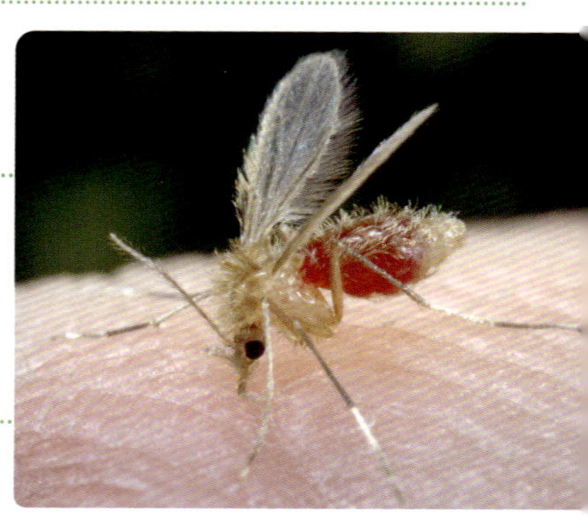

サシチョウバエのなかま

写真提供：SCIENCE PHOTO LIBRARY/amanaimages

郵便はがき

料金受取人払郵便

神田局承認

5066

差出有効期間
2026年8月31日
まで

（期間後は切手を
おはりください。）

101-8791

917

東京都千代田区西神田3-2-1

あかね書房 愛読者係 行

ご住所	〒□□□-□□□□ 都道 府県		
TEL	（　　　）	e-mail	
お名前	フリガナ		
お子さまのお名前	フリガナ		

ご記入いただいた個人情報は、目録や刊行物のご案内をお送りするために利用し、その他の目的には使用いたしません。また、個人情報を第三者に公開することは一切いたしません。

ご愛読ありがとうございます。今後の出版企画の参考にさせていただきますので、お手数ですが、皆様のご意見・ご感想をお聞かせください。

この本の書名

年齢・性別　（　　　）歳　男・女

この本のことを何でお知りになりましたか？

1. 書店で（書店名　　　）　2. 広告を見て（新聞・雑誌名　　　）
3. 書評・紹介記事を見て　4. 図書室・図書館で見て　5. その他（　　　）

この本をお求めになったきっかけは？（○印はいくつでも可）

1. 書名　2. 表紙　3. 著者のファン　4. 帯のコピー　5. その他（　　　）

お好きな本や作家を教えてください。

この本をお読みになった感想、著者へのメッセージなど、自由にお書きください。

ご感想を広告などで紹介してもよろしいですか？　（はい・匿名ならよい・いいえ）

ご協力ありがとうございました。

6位 サシガメのなかま 8000人

サシガメのなかま（p51）が血を吸うときに出すふんから、シャーガス病という病気がうつり死亡するヒトが多い。

サシガメのなかま 写真提供：T.S.

7位 淡水性巻き貝のなかま 4400人

住血吸虫という寄生虫が、寄生していた巻き貝から、ひふをとおしてヒトの体内に入り、住血吸虫症により死亡するヒトがたくさんいる。

8位 サソリのなかま 3500人

オブトサソリ（p78）などの強い毒の針で刺されることによって、その毒や、アナフィラキシーショック（p89）によって命を落とすヒトが多い。

オブトサソリ 写真提供：アフロ

9位 ツェツェバエのなかま 3500人

ツェツェバエのなかま（p57）に刺されることで、「アフリカ眠り病」という病気で死亡するヒトがたくさんいる。

ツェツェバエのなかま
写真提供：Nature Picture Library/Nature Production/amanaimages

10位 カイチュウのなかま 2700人

カイチュウ（p13）は、線形動物の一種で、ほ乳類の腸に寄生する寄生虫。とくに子どもでは腸がふさがるなどして死亡することが多い。

生きものによる死亡者数の研究は、いくつもあり、これはその1つを紹介したサイト「Gates Notes」です。恐ろしいと思われているサメやライオンなどとくらべて、カやサシチョウバエのなかまなどの小さな昆虫による死者が多いこと、そして、ヒトによる死者が多いことに驚かされます。ここでは、次のサイトの情報をもとに紹介しました。
https://www.gatesnotes.com/Most-Deadly-Animal-Mosquito-Week-2016?platform=hootsuite

昆虫たちの絶滅の危機

いま、わたしたちヒトの活動によって、多くの動物たちが、その数をへらしたり絶滅したりしています。全動物種の半数以上をしめている昆虫（p13）たちにも、絶滅の危機にあるものがたくさんいます。そうした生物は「絶滅危惧種」として指定され、まもるべきものとされています。

昆虫は、じっさいにはもっともっといるはず

およそ4億年も前から地球にいる昆虫。いま、110万種以上（p13）といわれている昆虫は、じっさいには、500万種とも1000万種とも考えられています。じっさい、毎年世界中から約3000種もの昆虫が「新種（p74、76）」として報告されているのです。ほかにも最近新種として登録された昆虫を紹介しましょう。

◀「オニギリマルケシゲンゴロウ」。2017年、石川県ふれあい昆虫館（p103）の学芸員、渡部晃平さんが発見し、フィンランドの研究者との研究によって、2022年にゲンゴロウの新種として発表された。成虫の体長は2.52-2.72mmととても小さい。 写真提供：渡部晃平

▼「コウベアメバチ」。2015年に、当時神戸大学大学院の研究員と教授が、神戸大学のキャンパスで発見し研究した結果、2023年に新種として報告された。体長15mm前後の夜行性の寄生バチ。触角が長く体が平たいのが特徴。

写真提供：神戸大学／撮影 清水 壮

毎年、何十万種もの昆虫が絶滅している！

いま、森林や水辺など自然環境の破壊、殺虫剤や化学肥料の使用、さらに温暖化などの気候変動などによって、地球上の昆虫種の半分近くが絶滅の危機にあるともいわれています。わたしたちは、これ以上地球環境をこわさないようにしなければなりません。

◀タガメ。水田や池や沼にいる大型の肉食昆虫。魚やカエルなどを襲って食べる。手でつかむと鋭い口で刺されるので注意が必要。水田の農薬や、生息する池近くのゴルフ場の除草剤などの影響で絶滅危惧種になった。

写真提供：長島聖大

▲ゲンゴロウの幼虫。水辺にすむ肉食昆虫。幼虫は大あごでトンボの幼虫やオタマジャクシなどに食いつき、消化液を注入してとかして食べる。手などをかまれるととても痛くて危険。環境の変化で絶滅が心配されている。

写真提供：長島聖大

▶植物の受粉に役立っているニホンミツバチ(p20)。絶滅危惧種ではないけれど、温暖化や農薬などによる環境の悪化、外来種のダニなどの影響で減少が心配されている。

写真提供：長島聖大

わたしたちにできることは？

危険昆虫は、生きのこるためのサバイバル行動がわたしたちにとって危険なことがあるだけです（p14）。それなのに、たくさんの昆虫が絶滅し、また、絶滅の危機にあります（p95）。
昆虫は、多くの動物の食料でもあり、多くの植物は、昆虫がいなければ花の受粉ができず実をつけることができません。いま、わたしたちにできることは何でしょう？

危険な昆虫や巣に近づかない

危険昆虫たちは、ヒトが近づくと、襲われると感じて攻撃します。危険昆虫やその巣に不用意に近づくのはやめましょう。

▲ コガタスズメバチ（p17）の巣。スズメバチも、近づかなければ襲ってくることはない。　写真提供：長島聖大

▶ヒアリ（p28）の巣。こんな巣を見つけても近づかず、大人に知らせよう。
写真提供：環境省

刺激しない

血を吸う昆虫など以外のほとんどの昆虫は、刺激しなければ近づいてくることはないので、刺激しないようにしましょう。

◀ ミイデラゴミムシ(p40)も、刺激しなければ熱いガスを噴射することはない。

写真提供：法師人 響

オオクロケブカジョウゴグモ(p67)。刺激しなければかむことはない。

写真提供：奥山風太郎

相手のことをよく知る

さまざまなすがたに進化し、世界中にたくさんいる昆虫(p12-13)。それぞれの昆虫の生態を知ることで、危険をさけることができます。

◀ 巣をつくっているツムギアリ(p30)。何だろうと思ってさわると、集団にかまれてしまう。生態を知っているると被害を受けずに観察できる。

写真提供：島田 拓

▶ カヤキリ(p32)と知らず、大きなキリギリスかなと思って手を出すと、かまれてしまう。知っていればさわらずによく見ることができる。

写真提供：奥山風太郎

行ってみよう！見てみよう！

昆虫と出会える全国の昆虫館・施設

昆虫を飼育、紹介したり、昆虫標本などを展示したりして、さまざまな昆虫に会える昆虫館や科学館が、日本各地にあります。じっさいに行って見てみましょう！

※見られる昆虫や企画などは変わることがあるので、見たい昆虫などがある場合は、各館のホームページを見たり問い合わせをしたりしましょう。

めずらしい昆虫が多い丸瀬布ならではの昆虫に会える

◆丸瀬布昆虫生態館

住 北海道紋別郡遠軽町丸瀬布上武利 68

☎ 0158-47-3927

HP https://engaru.jp/tourism/page.php?id=414

写真提供：遠軽町教育委員会

北海道と択捉島特産のアイヌキンオサムシなどのいる「生態展示室」や、ヘラクレスオオカブトなどのいる「世界のカブト・クワガタ」、一年中沖縄などのチョウが飛ぶ「チョウの広場」があり、丸瀬布だけでなく世界中のいろいろな昆虫に会える。

リュウキュウアサギマダラやオオゴマダラの飛ぶ「チョウの広場」。

世界の昆虫標本があり、生態展示で探す楽しみも

◆当麻世界の昆虫館 パピヨンシャトー

住 北海道上川郡当麻町市街 6区

☎ 0166-84-2001

HP http://www.papiyonsyatoo.com

生きた昆虫を展示している「生態観察室」では、外国のクワガタやカブト、水生昆虫などもいてビオトープもある。展示している昆虫とは別に、自由にさわれる昆虫もいる。バックヤードでは、展示している昆虫の幼虫なども大切に育てられている。

世界各国の昆虫標本も充実。

季節ごとの生態展示、貴重な標本コレクションがある

◆ よねざわ昆虫館

住 山形県米沢市大字簗沢 1776-1
☎ 0238-32-2005
HP https://yonekoncyu.wixsite.com/yonekonkomisui

展示室には 2500～3000点もの昆虫標本が展示されている。季節ごとに、カブトムシなどの生体展示もあり、絵本や図鑑が読める場所も楽しめる。また、ミュージアムショップではチョウをかたどった工作キットやオリジナルバッジなども販売されている。

「虫タッチ」イベントで大活躍のカブトムシ。

昆虫をテーマに自然科学を体験的に学べる

◆ ふくしま森の科学体験センター ムシテックワールド

住 福島県須賀川市虹の台 100
☎ 0248-89-1120
HP http://www.mushitec-fukushima.gr.jp

実験や工作、自然体験プログラムなどもあり、昆虫だけでなく科学のおもしろさやものづくりの楽しさを体験できる。展示場「なぜだろうランド」では、昆虫の眼をとおして、自然や森の恵みの大切さを感じることができる。屋外には、いろいろな生きものがいるビオトープもあり、「水の中の生き物さがし」や「野原で虫さがし」などの講座に参加できる。

外のビオトープでおこなう「水の中の生き物さがし」。

キャンプ場もあり ゆっくり楽しめる昆虫館

◆ つくば市立豊里ゆかりの森 昆虫館

住 茨城県つくば市遠東 676
☎ 029-847-5061
HP http://www.tsukubaykr.jp/faclity.html

広い森に、キャンプ場やバーベキュー場、宿泊施設やアスレチック、工芸館などもある。昆虫館では標本展示や昆虫関係の図書のある資料館があり、まわりの森では、セミやトンボ、オオムラサキやカブトムシ、クワガタなどの生態観察もできる。

ゆかりの森を再現したケース内でいろいろな昆虫が見られる。

里山を再現した広大な敷地で、自然にふれられる

◆ 群馬県立ぐんま昆虫の森

住 群馬県桐生市新里町鶴ヶ谷 460-1
☎ 0277-74-6441
HP https://www.pref.gunma.jp/site/giw/

写真提供：群馬県立ぐんま昆虫の森 神保智子

広大な敷地に雑木林や田んぼや畑、小川などの里山が再現され、その中で昆虫を探し、じっくり観察できる。里山歩きや昆虫クラフトなどのプログラムもあり、かやぶき民家での里山体験も。巨大な温室ではオオゴマダラなどのチョウが飛び、間近で観察できる。

虫取りあみを持参すれば、園内の原っぱで、自分で虫を見つけ、とる体験もできる。

ハキリアリやグローワームにも会える

◆ 多摩動物公園昆虫園

住 東京都日野市程久保 7-1-1
☎ 042-591-1611
HP https://www.tokyo-zoo.net/zoo/tama/

写真提供：（公財）東京動物園協会

ゾウからアリにまで会える動物園の中の昆虫園。昆虫園本館ではハキリアリや発光する昆虫グローワームなど、海外のめずらしい昆虫にも会える。昆虫生態園では、さまざまなチョウが飛び、散策できる。ガイドツアーで、飛翔や休息、蜜を吸う姿などチョウの生態を知ることも（ガイドツアー実施日はホームページを確認）。

葉を運ぶハキリアリも見られる。

季節ごとにさまざまな昆虫を観察できる

◆ 森林総合研究所多摩森林科学園

住 東京都八王子市廿里町 1833-81
☎ 042-661-0200
HP https://www.ffpri.affrc.go.jp/tmk/index.html

広い敷地に豊かな自然がたもたれている研究所では、季節ごとにさまざまな昆虫に出合うことができる。さらに、「森の案内人」のガイドで、森の動植物を中心に、季節の見どころを案内してもらいながら散策し、森のはたらきを知ることができる。

冬虫夏草（地中にいる昆虫に寄生し、そこから生えるキノコ）観察会。

ほ乳類から昆虫まで いろいろな生物に会える

◆ 足立区生物園

住 東京都足立区保木間 2-17-1
☎ 03-3884-5577
HP https://seibutuen.jp

ほ乳類から鳥、は虫類や両生類や魚、そして昆虫まで、いろいろな生物に会える生物園。「観察展示室」では生きた姿を見ることができる。「チョウの飼育室」ではいろいろなチョウを飼育し、「大温室」では１年中さまざまなチョウが飛んでいる。特別展や企画展も充実。

「大温室」で花の蜜をすうアサギマダラ。

ガイドウォークや 昆虫採集体験も楽しい

◆ 磐田市竜洋 昆虫自然観察公園

住 静岡県磐田市大中瀬 320番地 -1
☎ 0538-66-9900
HP https://ryu-yo.jp

季節に合わせて、昆虫採集体験や標本づくりなど、いろいろなイベントが行われている。さらに、スタッフの解説と共に昆虫や植物など季節の自然を観察できる「ガイドウォーク」も人気。また、「世界のカブト・クワガタ展」などさまざまな企画展も開催している。

スタッフが見どころを紹介してくれる「ガイドウォーク」。

生きた虫に会える「むしむしハウス」や
昆虫観察ができるビオトープも

◆石川県ふれあい昆虫館

住 石川県白山市八幡町戌 3
☎ 076-272-3417
HP https://www.furekon.jp

昆虫の生きる知恵をさぐる「昆虫の知恵」、およそ 1000 頭ものチョウの飛ぶ「チョウの園」や、カブトムシなど人気の昆虫を展示している「むしむしハウス」。昆虫にかかわるアート作品が見られる「昆虫館アートギャラリー」や採集して観察できる「ビオトープ」もある。

「むしむしハウス」で生きた昆虫を観察。

見て、聞いて、さわって
感じる昆虫館

◆橿原市昆虫館

住 奈良県橿原市南山町 624
☎ 0744-24-7246
HP https://www.city.kashihara.nara.jp/kanko_bunka_sports/konchukan/index.html

樹液に集まる虫や水生昆虫など、生きた昆虫の生態を備え付けのカメラで間近に観察できる「生態展示室」、亜熱帯・熱帯の花が咲く中でたくさんのチョウが飛ぶ「放蝶温室」。さらに、放し飼いのナナフシや大量のゴキブリなどが展示されている「特別生態展示コーナー」もある。

ヘラクレスオオカブトも常設で展示されている。

約１万数千点もの標本があり、昆虫の標本も充実

◆大阪市立自然史博物館

住 大阪府大阪市東住吉区長居公園 1-23
☎ 06-6697-6221
HP https://www.omnh.jp

写真提供：大阪市立自然史博物館

「ところ変われば虫変わる～昆虫の生物地理～」では、世界の昆虫の生息域がわかる。

楽しくチャレンジできる「たんけんノート」で博物館の中を探検することもできる。第３展示室では、生物どうしのつながりと進化をたどり、地球上の動物の４分の３をしめるといわれる昆虫の発展をさぐり、世界の昆虫の多様性の謎にせまることができる。

企画展や昆虫観察も楽しめ、「放蝶園」にはさまざまなチョウが飛ぶ

◆箕面公園昆虫館

住 大阪府箕面市箕面公園 1-18
☎ 072-721-3014
HP https://www.mino-konchu.jp

写真提供：箕面公園昆虫館

さまざまなチョウが飛ぶ放蝶園。

身近な昆虫からヘラクレスオオカブトなど世界の昆虫の生体展示や、標本を展示。また、たくさんのチョウが飛ぶ「放蝶園」もある。さまざまなワークショップをおこなう「昆虫DIY」、季節の昆虫を公園内で探して観察する「昆虫クラブ」なども定期的に開催されている。

昆虫とふれあいながら
自然環境の大切さを知る体験ができる

◆ 伊丹市昆虫館

住 兵庫県伊丹市昆陽池 3-1 昆陽池公園内
☎ 072-785-3582
HP https://www.itakon.com

ヘラクレスオオカブトやクロカタゾウムシなどの生態展示や、サイズ10倍の森での昆虫探しや200倍のサイズのミツバチ展示も楽しい。カブトムシやクワガタムシなどのいる「生態展示室」や、1000頭ものチョウの飛ぶ「チョウ温室」もある。講座や観察会なども行われている。

200倍サイズのミツバチ。

キャンパスまるごと博物館。広い構内でネイチャーゲームも

◆ 広島大学総合博物館

住 広島県東広島市鏡山 1-1-1
☎ 082-424-4212
HP https://www.digital-museum.hiroshima-u.ac.jp/~humuseum/

博物館内で展示している昆虫や化石などの標本だけでなく、広いキャンパスの豊かな自然も展示物としているエコミュージアム。キャンパス内を散策して、渓流や湿地、ぶどう池やビオトープなどで、ルリシジミやベニイトトンボ、オオコオイムシやヒメゲンゴロウなどを探してみよう。

オオシオカラトンボ成虫のオスを発見。

チョウが飛ぶドームもあり、1年中生きた昆虫と出会える

◆ 広島県森林公園こんちゅう館

住 広島県広島市東区福田町字藤ヶ丸 10173
☎ 082-899-8964
HP http://www.hiro-kon.jp

50種 1000びき以上の生きた昆虫を一年中展示している昆虫専門施設。年5回行われる企画展や園内での「虫さがし」などさまざまな昆虫イベントも開催している。

さまざまなチョウが飛ぶパピヨンドーム。

ゲンジボタルの生態水槽やホタルの拡大世界が楽しめる

◆ 豊田ホタルの里ミュージアム（下関市立自然史博物館）

住 山口県下関市豊田町中村 50-3
☎ 083-767-0350
HP https://hotaru-museum.jp

「ゲンジボタルの生態水槽」やホタルの生態展示をはじめ、下関地域で見られる魚や水生昆虫などの生態展示、化石や岩石など下関地域の自然史をたくさんの実物で学ぶことができる。講演会や観察会などのイベントも充実している。

自分がホタルのサイズになった体験ができる「ホタルの拡大世界」もある。

60種以上が見られる
トンボ保護区でトンボに出会う

◆ 四万十市トンボ王国

住 高知県四万十市具同 8055-5
☎ 0880-37-4110
HP https://gakuyukan.com

ここは世界初のトンボ保護区。年間60種以上のトンボが見られる自然公園で、季節や天候によって、トンボの羽化や産卵、捕食のようすなどを観察することができる。自然公園には、水辺の生態系の保全をテーマとしたトンボと魚の博物館「四万十川学遊館あきついお」もある。

オオイトトンボが連結して産卵している。

100万点を超える昆虫標本があり、
さまざまな企画展も充実！

◆ 九州大学総合研究博物館

住 福岡県福岡市東区箱崎 6-10-1
☎ 092-642-4252
HP https://www.museum.kyushu-u.ac.jp

約120万点もの昆虫標本は多くの大型美麗種をふくみ、日本国内でも充実した貴重なコレクション。昆虫に関する企画展も行われている。また、たくさんの昆虫標本のコレクションは、インターネットでも見ることができる。

ツノゼミの標本や模型も。

里山の環境の中で、昆虫の自然な姿を観察

◆ たびら昆虫自然園

住 長崎県平戸市田平町荻田免 1628-4
☎ 0950-57-3348
HP https://tabira-insect-park.hira-shin.jp

小川や池、雑木林や草はらなど、かつての日本の原風景を再現した環境の中で、そこに集まる昆虫などの自然な姿を観察することができる。生息する昆虫は3000種以上。年間を通じて、解説員が案内してくれる。館内の標本も充実。スタンプラリーなどのイベントもある。

スタッフの案内による昆虫観察も楽しい。

動物とふれあえるパーク。昆虫館の企画展もおすすめ

◆ 長崎バイオパーク

住 長崎県西海市西彼町中山郷 2291-1
☎ 0959-27-1090
HP https://www.biopark.co.jp

いろいろな動物とふれあえるパーク。「昆虫館」では世界最大のカブトムシやクワガタムシ、世界最大と最小のチョウの標本、生きたカブトムシやクワガタムシが見られる。年に4～5回、展示内容が変わる企画展も魅力。

昆虫標本も充実。

チョウが見られる「蝶園」やホタルが光る「ホタル街道」も

◆ バンナ公園「世界の昆虫館」

住 沖縄県石垣市石垣 961-15
☎ 0980-82-6993（バンナ公園管理事務所）

バンナ公園は広大な敷地に展望台や散策路があり、多くの動植物とふれあえる。「世界の昆虫館」や「蝶園」もあり、たくさんの昆虫を見ることができる。「ホタル街道」では、4月中旬から5月初旬にかけて、日本では最小といわれるヤエヤマヒメボタルの光る姿も見ることができる。

標本も生きた昆虫もたくさん見ることができる。

世界最大のガ、ヨナグニサンにも会える

◆ アヤミハビル館

住 沖縄県八重山郡与那国町与那国 2114
☎ 0980-87-2440
HP http://welcome-yonaguni.jp/guide/507/

巨大なガ、アヤミハビル（和名はヨナグニサン）の研究と紹介をし、その生態や与那国の人々との関わりを紹介している。ヨナグニサンは沖縄県の天然記念物なので、採集や飼育は禁止されている。ここでは許可を得て飼育展示し、与那国の自然の魅力を伝えている。

これはメス。大きいものははねを広げると22~25cm ほどになる。
撮影：アヤミハビル館 専門員・杉本美華

生物名さくいん

赤字はくわしく紹介しているページです。

※ここでは、動物、植物、菌類、昆虫などだけでなく、クモ、サソリ、ムカデなどもそのグループとして紹介しているページを示しています。

監修　丸山宗利（まるやま むねとし）

1974 年生まれ。博士（農学）。九州大学総合研究博物館准教授。北海道大学大学院農学研究科博士課程を修了。国立科学博物館、フィールド自然史博物館（シカゴ）研究員、2009 年に九州大学総合研究博物館助教を経て、2017 年より現職。アリやシロアリと共生する昆虫の多様性解明が専門である。毎年精力的に国内外での昆虫調査を実施し、数々の新種を発見、多数の論文として発表している。著書に『アリのくらしに大接近』『アリの巣のお客さん』『ふしぎないきものツノゼミ』（共著／いずれもあかね書房）、『昆虫はすごい』（光文社新書）、『ツノゼミ ありえない虫』『昆虫こわい』（ともに幻冬舎）、『アリの巣の生きもの図鑑』（共著／幻冬舎）、『アリの巣をめぐる冒険』（東海大学出版部）、『学研の図鑑 LIVE 昆虫 新版』（総監修／ Gakken）、『驚異の標本箱 – 昆虫 –』（共著／ KADOKAWA）などがある。

構成・文　中野富美子（なかの ふみこ）

フリーランス編集者・ライター。おもな仕事に『追跡！なぞの深海生物』『バイオロギングで新発見！動物たちの謎を追え』『最驚！世界のサメ大図鑑』『深海生物生態図鑑』（以上あかね書房）、『じゅえき太郎のゆるふわ昆虫大百科』（実業之日本社）、『日本の美しい言葉辞典』（ナツメ社）などがある。

写真提供（各写真下に明記）

カバー・本扉・そで　写真提供

奥山風太郎：オオクロケブカジョウゴグモ，カバキコマチグモ，コガタスズメバチ，フタトゲチマダニ，マダラサソリ / 小松 貴：シナハマダラカ / 島田 拓：キバハリアリ，シワクシケアリ，ヒアリ / 長島聖大：アオカミキリモドキ，アオバアリガタハネカクシ，オオモンクロクモバチ，クビキリギス，ヒロヘリアオイラガ / 丸山宗利：サスライアリのなかま / 環境省：キョクトウサソリのなかま / （国研）森林機構 森林総合研究所：コアシナガバチの巣

イラスト――――　きのしたちひろ
ブックデザイン ――　椎名麻美
編集協力 ――――　平勢彩子

【おもな参考文献】

『刺す！ 咬む！ 防御する！ 猛毒をもつ危険生物：毒のしくみがよくわかる（子供の科学サイエンスブックス NEXT）』永井宏史・丸山宗利・保谷彰彦・堺淳 著（誠文堂新光社）
『危険生物・外来生物大図鑑』今泉忠明、自然環境研究センター 監修（あかね書房）
『学研の図鑑 LIVE 昆虫 新版』丸山宗利 総監修（Gakken）
『学研の図鑑 LIVE 危険生物』今泉忠明 総監修（Gakken）
『角川の集める図鑑 GET! 危険生物』加藤英明 総監修（KADOKAWA）
『講談社の動く図鑑 MOVE はじめてのずかん こんちゅう』瀧 靖之・丸山宗利 監修（講談社）
『昆虫はすごい』丸山宗利 著（光文社新書）
『昆虫こわい』丸山宗利 著（幻冬舎新書）
『進化とはなんだろうか』長谷川眞理子 著（岩波ジュニア新書）
「森林生物情報データ一覧　昆虫」国立研究開発法人 森林研究・整備機構
「日本の外来種対策」環境省
「皮膚科 Q&A 虫さされ」公益社団法人 日本皮膚科学会
「昆虫医学部ポータル」NIID 国立感染症研究所
「侵入生物データベース」国立研究開発法人 国立環境研究所
「動物由来感染症を知っていますか？」厚生労働省
「気をつけて！危険な外来生物」東京都環境局
「害虫を知る｜アース害虫駆除なんでも事典」アース製薬　ほか

2025 年 2 月 20 日　初版発行

監修 ――――　丸山宗利
構成・文 ――――　中野富美子
発行者 ――――　岡本光晴
発行所 ――――　株式会社あかね書房
〒101-0065
東京都千代田区西神田 3-2-1
電話 03-3263-0641（営業）
03-3263-0644（編集）
印刷所 ――――　TOPPAN クロレ株式会社
製本所 ――――　牧製本印刷株式会社

ISBN978-4-251-09348-6　NDC486　111p　19cm×13cm
落丁本・乱丁本はお取りかえいたします。
定価はカバーに表示してあります。
※本書は、2024 年 1 月に刊行された
『サバイバル！危険昆虫大図鑑』を再構成したものです。
https://www.akaneshobo.co.jp